智慧农业

ZHIHUI NONGYE

主编 王仁山 陈香正 孙全军 吴 昊 李占环 张 琼

天津出版传媒集团

天津科学技术出版社

图书在版编目(CIP)数据

智慧农业 / 王仁山等主编. --天津：天津科学技术出版社，2024.4

ISBN 978-7-5742-1921-2

Ⅰ. ①智… Ⅱ. ①王… Ⅲ. ①信息技术-应用-农业 Ⅳ. ①S126

中国国家版本馆 CIP 数据核字(2024)第 065228 号

智慧农业

ZHIHUINONGYE

责任编辑：杜宇琪

出	版：	天津出版传媒集团 天津科学技术出版社
地	址：	天津市西康路 35 号
邮	编：	300051
电	话：	(022)23332399
网	址：	www. tjkjcbs. com. cn
发	行：	新华书店经销
印	刷：	北京富泰印刷有限责任公司

开本 787×1092　1/32　印张 6.25　字数 156 000

2024 年 4 月第 1 版第 1 次印刷

定价：32.00 元

《智慧农业》
编　委

前　言

　　随着科技的飞速发展和社会的进步,现代农业已经越来越受到人们的关注。智慧农业,作为现代农业的重要发展方向,融合了物联网、云计算、大数据、人工智能等一系列高新技术,为农业生产的智能化、精准化、高效化提供了强有力的支持。为了进一步推广智慧农业技术,提高农业生产效率,我们编写了本书。

　　本书旨在为读者提供全面的智慧农业知识,帮助读者了解和掌握智慧农业生产过程中的各种技术和方法。通过本书,读者将深入了解智慧农业的概念、特点和技术,熟悉智慧农业生产过程中的各种应用场景和案例。

　　本书分为八章,分别为认识智慧农业、农机装备定位和调度、农业无人机应用、智慧农业生产、农业病虫害防治系统、农产品智慧物流追溯体系、农业农村信息化建设、智慧农业典型案例。本书语言通俗、结构清晰,希望能够帮助更多的读者了解和掌握智慧农业技术,为推动我国农业现代化进程做出积极的贡献。

　　本书可作为农民培训和基层农业技术推广人员阅读,也可作为科研院所相关人员借鉴参考。

　　由于编者水平有限,再加上时间仓促,书中难免存在不足之处,欢迎广大读者批评指正!

目 录

第一章
认识智慧农业

第一节　智慧农业的内涵和特征

一、智慧农业的内涵

智慧农业是以最高效率地利用各种农业资源、最大限度地减少农业能耗和成本、最大限度减少农业生态环境破坏以及实现农业系统的整体最优为目标，以农业全链条、全产业、全过程智能化的泛在化为特征，以全面感知、可靠传输和智能处理等物联网技术为支撑和手段，以自动化生产、最优化控制、智能化管理、系统化物流、电子化交易为主要生产方式的高产、高效、低耗、优质、生态、安全的一种现代农业发展模式与形态。

智慧农业是农业生产的高级阶段。智慧农业的概念由电脑农业、精准农业（精细农业）、数字农业、智能农业等名词演化而来。智慧农业的一个重要标志是基于信息的智慧化决策管理，精准管理农业生产投入品使用，确保农产品产量和品质安全。

智慧农业的基本手段是利用现代信息技术、互联网、物联网、大数据、人工智能等技术，在充分实现农业数字化的前提下，构建农业智慧化决策管控平台，对农业的生产、经营过程进行智慧化管控，大幅提高生产经营管理效率，实现农业全过程信息感知、分析、存储、加工、处理和智慧化决策，有效提升农资利用率，提高农业劳动力效率，助力农业产业的协调发展，达到改善生态环境、提高农作物产量和质量的目的。

智慧农业作为先进的农业生产方式，主要融合了生物技术、信息技术、智能装备三大生产力要素。其中生物技术应用是基础，信息技术是手段，智能装备是支撑。智慧农业通过对农业生产现场的各种传感器和无线通信网络的运用，实现农业生产环境的智能感知、预警、决策和在线指导，为农业生产提供精准化种植、可视化管理和智能化决策。

总的来说，智慧农业是农业生产的高级阶段，它通过引入现代科技，提高农业生产的效率和产值，同时也有助于实现农业的可持续发展，是未来农业发展的趋势。

二、智慧农业的特征

智慧农业的特征大致可以概括为以下几个方面：

（一）高效率性

智慧农业可运用现代化智能控制技术实现远程的自动化农事操作，这种生产方式的改变，极大地提升了生产效率。例如，通过机器人的应用，可以实现自动化播种、浇水、施肥、打药等农事操作，大大提高了生产效率。

（二）高精确性

智慧农业利用现代化信息技术，对农业资源进行最大限度地节约和使用。智慧农业利用物联网技术和大数据分析，可以根据农田的情况和市场需求，精确地选择种植的品种和数量，实现定制化的种植，提高产量和效益。

（三）可数据化

利用物联网、云计算、大数据等技术，实现农业生产信息化、数据化管理，实时监测农作物生长、病虫害情况、气象变化等数据，及时采取措施，减少损失。

（四）可追溯性

利用信息化技术，可以实现农产品从田间到餐桌的全程溯源，消费者可以通过扫描农产品的二维码即可快捷地追溯到该农产品的全部信息，提高农产品质量和食品安全。

（五）可持续发展

智慧农业注重可持续发展，采用无污染、无化学农药、无公害的生产方式，保护环境、提高产品质量和附加值，实现对农田和环境的保护和改善。

第二节　智慧农业的关键技术

一、农业物联网

（一）农业物联网的内涵

智慧农业把农业看成一个有机联系的整体系统，在生产中全面综合地应用信息技术。物联网是智慧农业的主要技术支撑，农业物联网传感设备正朝着低成本、自适应、高可靠和微功耗的方向发展，未来传感网也将逐渐具备分布式、多协议兼容、自组织和高通量等功能特征，实现信息处理实时、准确和高效。

经过十几年的发展，物联网技术与农业领域应用逐渐紧密结合，形成了农业物联网。农业物联网就是物联网技术在农业生产、经营、管理和服务中的具体运用，具体讲就是运用各类传感器，广泛地采集大田种植、设施园艺、畜禽水产养殖和农产品物流等农业相关信息，通过建立数据传输和格式转换方法，集成无线传感器网络、电信网和互联网，实现农业信息的多尺度（个域、视域、区域、地域）传输，最后将获取的海量农业信息进行融合、处理，并通过智能化操作终端实现农业产前、产中、产后的过程监控、科学管理和即时服务，进而实现农业生产集约、高产、优质、高效、生态和安全的目标。

（二）农业物联网的体系架构

虽然物联网的定义不统一，但物联网的技术体系、结构基本已得到统一认识。根据物联网的技术体系架构，可将农业物联网分为3个层次：信息感知层、信息传输层和信息应用层。

1. 信息感知层

信息感知层由各种传感器节点组成，通过先进传感器技术，多种支持过程精细化管理的参数可通过物联网获取，如土壤肥力、作物苗情长势以及动物个体产能、健康和行为等信息。

2. 信息传输层

信息传输层中，传感器通过有线或无线方式获取各类数据，并以多种通信协议，向局域网、广域网发布。

3. 信息应用层

信息应用层对数据进行融合，处理后制定科学的管理决策，对农业生产过程进行控制。

（三）农业物联网的主要技术

1. 信息感知技术

农业信息感知技术是智慧农业的基础，作为智慧农业的神经末梢，是整个智慧农业链条上需求总量最大和最基础的环节。主要涉及农业传感器技术、RFID技术、GPS技术以及RS技术等。

（1）农业传感器技术

农业传感器技术是农业物联网的核心，也是智慧农业的核心。农业传感器主要用于采集各个农业要素信息，包括种植业中的光、温、水、肥、气等参数；畜禽养殖业中的二氧化碳、氨气和二氧化硫等有害气体含量，空气中尘埃、飞沫及气溶胶浓度，温湿度等环境指标等参数；水产养殖业中的溶解氧、酸碱度、氨氮、电导率和浊度等参数。

（2）RFID 技术

RFID 技术即射频识别，俗称电子标签。这是一种非接触式的自动识别技术，它通过射频信号自动识别目标对象并获取相关数据。该技术在农产品质量追溯中有着广泛的应用。

（3）GPS 技术

GPS 具有在海、陆、空进行全方位实时三维导航与定位能力的新一代卫星导航与定位系统，具有全天候、高精度、自动化和高效益等显著特点。在智慧农业中，GPS 技术的实时三维定位和精确定时功能，可以实时地对农田水分、肥力、杂草和病虫害、作物苗情及产量等进行描述和跟踪，农业机械可以将作物需要的肥料送到准确的位置，而且可以将农药喷洒到准确位置。

（4）RS 技术

RS 技术在智慧农业中利用高分辨率传感器，采集地面空间分布的地物光谱反射或辐射信息，在不同的作物生长期，实施全面监测，根据光谱信息，进行空间定性、定位分析，为定位处方农作物提供大量的田间时空变化信息。

2. 信息传输技术

农业信息感知技术是智慧农业传输信息的必然路径，在智慧农业中运用最广泛的是无线传感网络（WSN）。无线传感网络是以无线通信方式形成的一个自组织多跳的网络系统，由部署在监测区域内大量的传感器节点组成，负责感知、采集和处理网络覆盖区域中被感知对象的信息，并发送给观察者。

3. 信息处理技术

信息处理技术是实现智慧农业的必要手段，也是智慧农业自动控制的基础，主要涉及云计算、GIS、专家系统和决策支持系统等信息技术。

（1）云计算

云计算指将计算任务分布在大量计算机构成的资源池上，使各种应用系统能够根据需要获取计算力、存储空间和各种软件服务。智慧农业中的海量感知信息需要高效的信息处理技术对其进行处理。

云计算能够帮助智慧农业实现信息存储资源和计算能力的分布式共享，智能化信息处理能力为海量信息提供支撑。

（2）GIS

GIS 主要用于建立土地及水资源管理、土壤数据、自然条件、生产条件、作物苗情、病虫草害发生发展趋势、作物产量等的空间信息数据库和进行空间信息的地理统计处理、图形转换与表达等，为分析差异性和实施调控提供处方决策方案。

（3）专家系统

专家系统（Expert System，简称 ES）指运用特定领域的专门知识，通过推理来模拟通常由人类专家才能解决的各种复杂的、具体的问题，达到与专家具有同等解决问题能力的计算机智能程序系统。

研制农业专家系统的目的是为了依靠农业专家多年积累的知识和经验，运用计算机技术，克服时空限制，对需要解决的农业问题进行解答、解释或判断，提出决策建议，使计算机在农业活动中起到类似人类农业专家的作用。

（4）决策支持系统

决策支持系统（Decision Support System，简称 DSS）是辅助决策者通过数据、模型和知识，以人机交互方式进行半结构化或非结构化决策的计算机应用系统。

农业决策支持系统在小麦栽培、饲料配方优化设计、大型养鸡场的管理、农业节水灌溉优化、土壤信息系统管理以及农机化信息管理上进行了广泛应用研究。

（5）智能控制技术

智能控制技术（Intelligent Control Technology，简称ICT）是控制理论发展的新阶段，主要用来解决那些用传统方法难以解决的复杂系统的控制问题。

目前，智能控制技术的研究热点有模糊控制、神经网络控制以及综合智能控制技术，这些控制技术在大田种植、设施园艺、畜禽养殖以及水产养殖中已经进行了初步应用。

二、农业大数据

（一）农业大数据概述

大数据（Big Data）又称为巨量资料，是指需要新处理模式才能具有更强的决策力、洞察力和流程优化能力的海量、高增长率和多样化的信息资产。

农业领域包涵海量的数据资源，同时，大数据可在该领域发挥巨大的应用价值。农业数据的来源渠道多，范围广。农业大数据具体指的是大数据理念、方法及技术在农业领域的实践，既能够体现出大数据的基本特征，也融合了农业信息的差异化特征。大数据是一种数据集合，使用常规软件来对其进行收集、管理、分类及处理已经无法满足人们的需求。大数据技术是围绕信息存储与分析来展开的，立足于根本层面，大数据承担的任务包括海量信息资源的统计、存储、处理、价值提取、实践应用等。

（二）大数据的预处理

大数据预处理主要包括四个方面：数据清理、数据集成、数据转换、数据规约。

1. 数据清理

数据清理是指利用清洗工具，对有遗漏数据、噪音数据以及不一致数据进行处理。在数据预处理过程中，原始数据经过清洗步骤，可以显著提高数据质量，为后续分析工作奠定基础。

2. 数据集成

数据集成是指将不同数据源中的数据，合并存放到统一数据库的过程。数据集成着重解决三个问题：模式匹配、数据冗余、数据值冲突检测与处理。通过数据集成，可以将不同来源的数据整合到一起，避免数据冗余和冲突。

3. 数据转换

数据转换是指对所抽取出来的数据中存在的不一致进行处理的过程，它同时包含了数据清洗的工作，即根据业务规则对异常数据进行清洗，以保证后续分析结果准确性。在这个阶段，会对数据进行进一步的校验和调整，确保数据的准确性和一致性。

4. 数据规约

数据规约是指在保持数据原貌的基础上，最大限度地精简数据量，以得到较小数据集的操作，包括数据方聚集、维规约、数据压缩、数值规约、概念分层等。

综上，大数据预处理是数据分析的重要环节，通过对原始数据进行清洗、集成、转换和规约等步骤，可以显著提高数据分析的效率和准确性。

（三）大数据在农业生产和管理领域的应用

在农业生产和管理领域中，大数据技术有广泛的运用空间，具体应用有以下几点。

（1）大数据技术能提取历年来农业生产的灾害数据、土壤肥力等参数信息、农产品市场需求数据等，采用统计分析方法，通过实证分析和案例比较，为智慧农业发展提供有益的信息参考和指导。

（2）大数据技术能利用农业资源数据，如水资源、大气环境、生物多样性等资料数据，研究我国农业发展面临的资源、环境和生物多样性的问题，在对农业生产进行综合调查的基础上，提出有针对性的改进措施。

（3）大数据技术能通过收集农业生产、生态环境数据和参数，如土壤、空气、湿度、温度、日照等数据，建立数学回归模型、预测模型，科学分析农业生产条件和环境。

（4）大数据技术能通过收集农产品生产、加工、物流和仓储数据，如生产者、加工流程、产业链、物流体系、库存管理、市场销售等数据，建立覆盖生产前、中、后的数据库系统，分析农产品生产安全问题，切实提高农产品安全管理水平，为广大消费者提供可靠的食品供应。

（5）大数据技术能利用农业生产监控技术，如远程视频技术、实时数据采集技术、自动化控制技术等，分析农业生产过程存在的问题，为农业生产、农产品加工提供科学指导。

三、人工智能技术

人工智能（artificial intelligence，AI），是研究、开发用于模拟、延伸和扩展人类智能的理论、方法、技术及应用系统的一门新的技术科学。人工智能利用机器学习方法，用于研究计算机怎样模拟或实现人类的学习行为，以获取新的知识或技能，重新组织已有的知识结构使之不断改善自身的性能，并生产出一种新的能与以人类智能相似方式做出反应的智能机器。基于数据的机器学习是现代智能技术中的重要方法之一，研究从温度、湿度、降水量观测数据出发寻找规律，利用这些规律对未来数据或无法观测的数据进行预测。

四、边缘计算

边缘计算（Edge Computing，EC）是相对于云计算而言的。边缘计算是指收集并分析数据的行为发生在靠近用户的本地设备的网络中，无须将数据传输到计算资源集中化的云端进行处理。边缘计算不需要构建集中的数据中心，需要依靠大规模分布式节点的计算能力。边缘计算又称作分布式云计算、雾计算或第四代数据中心。

边缘就是靠边站，但靠边站并不是不用干活了，也是有清晰明确的任务的。如同小区里有了 ATM 取款机，我们取钱的时候不必再到远处的银行柜台。如果腾讯的服务器和运营商的核心网网关合在一起放到小区门口，这样腾讯的应用就靠近用户了，用户使用应用就会快速方便，体验也会大幅提升。这种网络结构叫作去中心化结构，也叫边缘化架构或分布式结构。

计算就是网络的处理分析能力，譬如大数据分析、视频编解码处理、VR/AR 渲染、视频分析、人工智能等。

边缘计算是在靠近物或数据源头的网络边缘侧，融合网络、计算、存储、应用核心能力的分布式开放平台（架构），满足各行各业在数字化转型过程中，在敏捷联接、实时业务、数据优化、应用智能、安全与隐私保护等方面的关键需求。

五、5G 技术

（一）5G 技术的概念

5G 技术也被称为第五代移动通信技术，各种设备接入 5G 网络后可以高速联网，实现信息交互。进一步说，5G 技术是人工智能、物联网、虚拟现实、机器学习等技术实现大规模商用的基础。5G 技术融合了多天线传输、高频传输、软件定义网络等最新无线技术，是信息时代加速信息爆炸的一个重要里程碑。

（二）5G 技术的特征

1. 传输速度快

相对于 4G 技术，5G 采用一种全新的网络架构，提供峰值 10Gbps 以上的带宽，用户体验速率可稳定在 1～2Gbps，传输速率是 4G 技术的几十倍到上百倍。信息交互性显著增强，政府公共关系领域的信息互动将更为迅速便捷，政府危机公关能力将迎接挑战。

2. 时延较低

4G 网络时延为 20～30ms，在 5G 环境下，网络时延可缩短至 1ms，大大缩短了用户接受信息的等待时间。有这么一个形象的例子，2019 年 1 月 19 日，一名中国外科医生利用 5G 实时互联互通的特性，在几十公里外对手术机械臂进行精准操控，成功进行了针对实验动物的远程外科手术。在 5G 技术大范围普及之后，网络延迟问题将得到解决，届时政民互动渠道和方式也将发生改变。

3. 安全性高

在 5G 时代，网络安全变成了非常重要的领域。传统的互联网技术主要解决的是信息高速度、低时延、无障碍的传输问题，但信息安全问题也日益暴露。在 5G 技术下，安全性将被摆在重要位置。基于 5G 通信技术的各种协议和框架将充分保障用户的信息安全，全面提高网络安全性。政府公共关系活动也将更加安全、稳定和高效。

4. 万物互联

未来，接入 5G 网络中的终端产品，将不仅仅局限于手机、平板等交互设备。毫不夸张地说，生活中任何一个产品都有可能接入 5G 网络进而成为智能产品。小到眼镜、手表、衣服、鞋子，大到冰箱、电视、汽车、房屋都有可能接入 5G 网络，实现智能化。5G 产生的最大的现实改变就是实现从人与人之间的通信走向人与物、物与物之间的通信。智能终端设备的增长将扩充政府公共关系传播渠道，增加传播工具的数量，进而提升公众对政府的关注程度。

第三节 智慧农业的发展

一、智慧农业的发展现状

当前，我国智慧农业的发展现状主要体现在以下几个方面：

（一）市场发展迅速

近年来，智慧农业市场发展迅速，大量的相关产品，如农业无人机、智能灌溉系统、农产品溯源系统等，不断涌现并逐渐应用到农业生产中，推动了智慧农业市场的增长。

（二）技术创新蓬勃发展

在技术创新方面，出现了许多与智慧农业相关的技术和模式，如基于大数据和云计算的农业数据分析、智能识别和定位技术、农业机器人、无人驾驶拖拉机等，这些技术和模式的应用，极大地提高了农业生产效率和精确性。

（三）服务型经济发展

随着互联网技术的发展，智慧农业的服务型经济也得到了发展，例如基于互联网的农业服务平台、农业保险、农业物流等，这些服务型经济的出现，为智慧农业提供了更好的发展环境和机遇。

（四）政策支持

各级政府部门高度重视智慧农业的发展，并制定了一系列政策措施来支持其发展，例如在税收、资金、技术等方面给予优惠，以鼓励更多的社会资本投入到智慧农业中。

（五）农业生产劳动力缺口大

由于城市化进程加快，大量农村劳动力流向城市，导致农村劳动力短缺。智慧农业的发展可以减少农业生产对劳动力的依赖，提高生产效率和降低成本，缓解农村劳动力短缺的问题。

二、智慧农业面临的挑战

我国智慧农业发展十分迅速，传感器监测、无线传输、大数据及人工智能等已经逐渐运用到智慧农业中，提高了农业生产管理水平，提升了生产效率。但是，农业的数字化、智能化转型仍存在诸多挑战。人才短缺、从业人员文化水平不高、设备成本高、技术实用性不高等，这些问题都影响了智慧农业的发展，主要表现在以下几个方面。

（一）基础设施建设方面

由于智慧农业设施成本高，当前大部分地区的农业设施仍很落后，现代化农机设备较少。

首先，从农村发展状况来看，农业生产者的收入难以购买发展智慧农业的必要基础设备。例如，植保无人机的工作效率可达人工操作的 60 倍，但其价格却远超农业生产者的收入水平。高价格阻碍了高科技农业设备进入农业生产，阻碍了智慧农业发展。

其次，多数禽舍的基础设施仅仅是照明和取暖，现代化养殖设备十分稀少。大部分地区的农业灌溉还是采用传统的大水漫灌，喷灌、滴灌等节水灌溉所需的运输管道覆盖面积十分有限，使农业用水浪费严重，土壤板结、养分流失。农机设备的市场投放量较少、价格昂贵，分散经营的农业生产者无力购买，许多现代化设备无法走进农田。另外，我国部分农村地区的网络设施建设还不健全，农村移动网络、光纤设施覆盖率不能满足智慧农业发展的需要。信息化成本高也阻碍了农村信息化建设，阻碍了智慧农业的发展。

最后，智能农业设备缺乏专用芯片，而通用芯片的环境适应性很差，容易被损坏，进而导致智能设施应用受阻。并且，农业场景的复杂性对智能化设备的效率和灵活度提出了更高的要求，智能化设备的性能仍需提升。

（二）信息化水平及信息安全方面

智慧农业需要通过大数据分析来指导农业精细化管理，但当前许多地区还未建立信息收集、传输、分析以及利用体系，阻碍了智慧农业的发展。

首先，我国智慧农业的数据标准化程度不高，数据采集不够全面，农业数据缺乏准确性。

其次，我国农业信息平台少，企业建立的农业信息网站、数据分析平台等规模小，内容复杂且信息准确度难以保证，使许多农业信息平台数据分析的准确性和时效性都不高，导致农业信息对智慧农业的指导功能降低，智慧农业的不确定性增大。

（三）信息数据共享方面

智慧农业的运行需要了解自然条件与社会经济信息，如土壤条件、市场信息、科技信息等。而这些信息归属于不同部门，又因为各部门之间运作独立，农业信息数据缺乏共享，使信息数据资源得不到有效利用。

目前，智慧农业信息数据的收集被过于重视，而其与信息数据的联系却被忽视了。用于智慧农业的信息数据多为简单堆砌，专业性剖析的特征数据很少，指导智慧农业开展与智慧农业办理的信息缺乏。

另外，农业种植集约化覆盖面积小，规模化农业生产力度不够，信息化建设中各系统难以兼容，业务流程整合程度不够，主要原因就是农业信息推广不足。

（四）云计算能力方面

智慧农业的不断发展推动了农业专网、物联网、互联网之间的深度融合。视频、影像类数据的应用，对网络带宽、传输质量、传输速率、可靠性等都提出了新的要求。

人工智能在农业领域的应用对网络时延和数据积累有着更高的要求。传统网络难以满足智慧农业依靠大量传感器和计算量支撑的大带宽、大连接的需求，这导致农业数字化水平较低，农业信息的时效性、准确性有限。

（五）交通物流方面

我国耕地分布广且不集中，地形地貌多样的特点造成了许多地方交通不便，进而使物流成本增加。其主要表现为，我国当前很多农田道路都被毁坏，道路狭窄不平，雨雪天气时泥泞不堪，甚至无法通车。

高物流成本会对物流公司的服务质量造成不良影响，并会波及以此为基础的上层应用，如电商平台。而电商平台属于智慧农业的重要组成部分，交通物流系统的不完善也会影响智慧农业的发展。

（六）专业技术人才和资金不足

智慧农业的发展离不开专业技术人才和充足资金的有效保障。当前我国农业从业人员年龄偏大，农村高素质人才流失严重，农民的文化程度偏低，学习能力不足，且现代职业农民培训没有系统地建立，导致农业从业人员对智慧农业的了解和认知均不充分，其整体素质无法满足智慧农业发展对从业人员的要求。此外，当前智慧农业的规模化程度差，使得智慧农业所需的信息化设备（包括传感器、通信设备、多种软件系统等）成本较高，绝大部分农民难以承担，导致智慧农业项目很难迅速大面积推广。

以上挑战都是阻碍智慧农业发展的重要因素，只有逐渐解决了这些问题，智慧农业才会迎来大发展时期。

三、智慧农业的发展趋势

科技赋予了农业发展的动力，使传统农业向着智慧农业转型。大数据、人工智能等融合物联网技术，可助力智慧农业的发展。未来，智慧农业的发展趋势主要表现在两个方面，即农业智慧化、资源集约化。

（一）农业智慧化

农业智慧化是指依托物联网和人工智能等技术，通过收集土壤、农作物生长情况、病虫害等数据信息并进行分析，实现对农作物的智能感知及管理。

（二）资源集约化

资源集约化是指将资源整合，通过现代化管理合理分配，以降低成本、提高效率，从而获得最大效益。随着土地的规模化发展，精准灌溉等精细化管理将会逐渐普及。

第二章

农机装备定位和调度

第一节　农机装备定位和调度概述

一、农机装备的分类

农机装备是指用于农业、畜牧业、林业和渔业生产过程中的各种机械设备，其中包括农业机械和相关器具。这些设备可以在作物种植业、畜牧业、林业和渔业等各个领域提高生产效率、改善生产条件、提高产品质量和增加农业收入等方面发挥重要作用。

农机装备可分为田间管理机械、收获后处理机械、农用搬运机械和畜牧水产养殖机械。田间管理机械指农作物、草坪、果树生长过程中的管理机械，包括中耕、植保和修剪机械等。收获后处理机械指对收获的作物进行脱粒、清选、干燥、仓储及种子加工的机械与设备。农用搬运机械指符合农业生产特点的运输和装卸机械。畜牧、水产养殖机械指畜牧养殖和水产养殖生产过程中所需的饲料（草）加工、饲养及畜产品采集加工机械。

具体来分，农机装备的分类如表 2-1 所示。

表 2-1　农机装备的分类

序号	大类	小类
1	耕耘和整地机械	耕地机械、整地机械
2	种植和施肥机械	播种机械、育苗机械、栽植机械、施肥机械、地膜机械
3	田间管理和植保机械	中耕机械、修剪机械、植保机械
4	收获机械	谷物收获机、玉米收获机、棉麻作物收获机、果实收获机、蔬菜收获机、花卉（茶叶）收获机、籽粒作物收获机、根茎作物收获机、饲料作物收获机、茎秆收集处理机

序号	大类	小类
5	脱粒、清洗、烘干和贮存机械	脱粒机械、洗选机械、剥壳（去皮）机械、干燥机械、种子加工机械、仓储机械
6	农副产品加工机械	碾米机械、磨粉（浆）机械、榨油机械、棉花加工机械、果蔬加工机械、茶叶加工机械
7	运输机械	运输机械、装卸机械、农用航空器
8	排灌机械	水泵、灌溉机械
9	畜牧机械	饲料（草）加工机械、畜牧饲料机械、畜产品采集加工机械、水产养殖机械
10	其他机械	废弃物处理设备、包装机械、牵引机械

二、定位设备和农机的整合方式

农机装备定位和调度系统可应用于需要对农机装备工作位置做实时监控和调度的所有农业机械化设备。受技术发展和农机制造成本限制，普通农机具很少直接集成终端接入功能，在位置信息采集上往往通过外接方式实现，而外接终端方式无法通过集成化的感控功能实现农机设备的远程操控。

根据定位设备和农机设备的整合程度，可分为手持终端方式、机载终端方式、软件安装方式和内置模块方式四种。

（一）手持终端方式

手持终端方式是指定位终端设备和农机设备完全分离，通过农机操作员手持GPS终端设备进行现场操作，实现所处地理位置信息的查看功能。手持终端设备分为含通信功能的手持终端设备和不含通信功能的手持终端设备两种类型。包含通信功能的手持终端设备可把当前位置信息传递到后台计算机信息平台侧，实现和计算机信息平台侧双向的信息交互；不包含通信功能的终端无法通过终端实现和计算机信息平台侧的信息交互，操作员只能借助其他移动通信方式实现与远程农机管理者的信息沟通，完成农机装备的调度响应。

（二）机载终端方式

机载终端方式是指在农机装备上安装定位设备，实现农机所处地理位置信息的采集功能。机载定位设备类型相对丰富，除了提供定位功能外，还提供其他额外功能，机载定位终端多采用GPS，目前有部分终端采用北斗导航的。

提供视频采集功能的定位设备包含供电模块、GPS定位模块、视频采集模块和无线信息传送模块。设备进入工作状态后，通过定位模块和视频采集模块实时采集当前农机装备的GPS位置信息和环境图像信息，通过无线信息传送模块使用无线通信网络把采集的GPS位置信息和图像信息实时地传送给计算机信息平台侧的农机管理人员，实现对农机当前位置的管理以及运行状态的查看，实现车辆防盗、识别和调度管理功能。GPS终端定位的方式需要借助其他通信手段，如手机、对讲机等设备实现农机装备管理员和农机操作员的双向通信。

提供通信功能的机载定位设备包含供电模块、GPS定位模块、无线信息传送模块和通信模块。通过无线通信模块使用无线通信网络，把采集的GPS位置信息和图像信息实时传送给计算机信息平台侧的农机管理人员，实现对农机当前位置的管理以及运行状态的查看。同时借助终端上提供的通信功能，实现农机装备操作员和农机管理员的双向沟通工作。

（三）软件安装方式

软件安装方式通过在智能终端操作系统上安装具备定位能力的应用软件，实现对智能终端内置能力模块（如Wi-Fi通信模块、网络通信模块或GPS通信模块）的功能调用，实现农机装备的定位功能。Wi-Fi定位取决于外部是否存在Wi-Fi网络环境，在有

Wi-Fi 信号覆盖的地方，其室内定位精度可在 5m 以内，室外定位精度在 20～50m 之间。智能终端网络通信模块和运营商基站的连接，可实现基于运营商基站的定位服务，定位精度在 50～200m 之间。应用软件对智能终端 GPS 模块的调用并不对 GPS 精度产生影响。定位方式可为单一定位方式，也可以为混合定位方式。单一定位方式指对智能终端中的一个模块进行调用来定位。混合定位包含两层概念，一种是策略优先，即混合了多种定位能力，但在特定应用场景下只适用特定的能力，如室内用 Wi-Fi 或基站定位，室外用 GPS 定位；另一种是算法混合，如可融合不同定位算法的混合协助能力，典型的技术如融合基站定位和 GPS 定位能力形成移动定位技术的定位能力，可实现多种算法之间的混合。另外，还有一些混合定位系统可以对多个定位算法返回的结果进行加权计算，从而得出一个最优的定位结果。

（四）内置模块方式

内置模块方式通过在农机装备内置 GPS 和无线通信模块，并通过农机 CAN 总线技术实现农机工作状态信息和位置信息的统一采集，无线通信模块使用无线通信网络把采集的 GPS 位置信息、图像信息和农机运营状态信息实时传送给计算机信息平台侧，从而实现远程农机管理人员对农机当前位置的管理以及运行状态的查看。同时借助计算机平台运算能力，实现农机装备的远程精细化管理。内置模块方式支持调度方式更是多样，支持操作员远程对农机进行熄火、限速等操作。

三、农机装备定位和调度技术体系

农机装备定位和调度的技术体系包含通信技术、计算机技术和农机终端技术（图 2-1）。

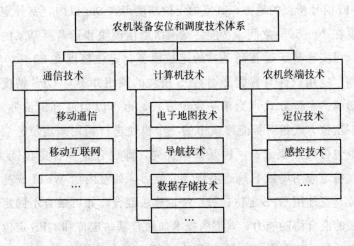

图 2-1　农机装备定位和调度技术体系

（一）通信技术

通信技术是保证农机装备和计算机平台之间信息传输的重要技术手段。通信技术包括移动通信、移动互联网等。移动通信是指移动体之间的通信，或移动体与固定体之间的通信。移动体可以是人，也可以是在移动状态中的具体农机装备等物体。移动互联网将移动通信和互联网二者结合起来，成为一体。

（二）计算机技术

计算机技术主要实现农机装备定位和调度的具体功能。计算机技术包含电子地图技术、导航技术和数据库技术等。电子地图与定位技术解决农机装备定位和导航应用，数据存储技术解决数据量大时信息平台的使用效率。

（三）农机终端技术

农机终端技术包含定位技术、感控技术和通信技术。定位技术主要以卫星定位技术为主，通过内置定位功能模块实现当前地理位置的采集功能，定位技术是实现车辆监控、在线调度等功能的基础。感控技术分为感知和控制两部分，包含农机运行状态感知和农机电子化控制两部分。现代农机装备技术发展特征之一就是越来越多的部件采用电子控制，过去单纯用于发动机上的传感器，现在已扩展到底盘、车身和灯光电气系统上了。农机运行状态感知功能利用传感器技术把农机装备运行中各种信息，如车速、各种介质的温度、发动机运转工况等，转化成电信号统一输出，实时获取。控制技术通过电子控制单元实现对农机的运行控制。电子控制单元由微型计算机、输入/输出及控制电路等组成，根据程序指令或者各种传感器输入的信息进行运算、处理、判断，然后输出指令，如向喷油器提供一定宽度的电脉冲信号以控制喷油量，从而实现对农机运行车速和状态的控制。定位技术可实现农机装备定位和调度的基本功能，感控技术可实现更为精确化的管理控制功能。

第二节　农机装备定位和调度系统的业务

一、农机装备定位和调度系统的内涵

农机装备定位和调度系统是一种以设备定位和信息管理为基础的调度管理系统。通过定位终端实现农机装备位置信息的实时采集，并对采集信息进行数据分析，进行决策响应后执行对应的调度操作，实现农机装备管理的信息化和智能化。农机装备定位和调度过程，如图 2-2 所示。

通过定位技术可实时获取农机装备的位置信息，不但为驾驶员提供准确的参考依据，还可借助通信手段把位置信息发送给农机装备管理人员，实现农机装备的调度管理。定位技术通过与安装在农机装备上的控制设备、通信系统和部署在远程计算机信息平台侧的信息系统，实现农机装备的精细化调度管理。配合农机装备上相关传感装置和计算机信息平台侧的信息交互，可实现精细化农业生产控制。

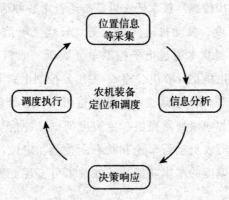

图 2-2　农机装备定位和调度过程

农机装备定位和调度系统应用于农、林、牧、渔各业的"大农业"整个生产工艺的过程中，不但可应用于农田生产耕、种、收各个环节，还可用于畜牧养殖和水产养殖生产过程中所需的饲料（草）加工、饲养及畜产品采集加工机械装备。

二、农机装备定位和调度系统的业务流程

农机装备定位和调度系统允许农机装备管理人员在远程根据农机装备位置发出调度指令。从手持终端方式、机载终端方式、软件安装方式和内置模块方式对不同类别的农机装备定位应用中发现，其主要业务流程基本是一致的，如图 2-3 所示。

通常情况下，农机定位和调度管理应用一般包含以下八个主要的业务环节。

（1）通过定位服务采集农机装备的相关地理位置信息，如果

具备条件，可同时采集农机的实时工作状态信息。

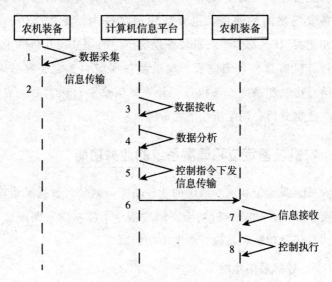

图2-3 农机装备定位和调度系统业务流程

（2）地理位置信息和农机工作状态信息通过通信系统上报到计算机信息平台。

（3）计算机信息平台对地理位置数据和农机工作状态信息做接收处理。

（4）计算机信息平台对地理位置数据和农机工作状态信息进行分析。

（5）计算机信息平台根据分析结果进行相关调度命令的下发。

（6）调度命令通过通信系统传输到农机装备上或者发送给农机操作员。

（7）农机装备侧接收到调度命令后，显示或解析为可被执行的信息。

（8）实现对农机装备的调度控制或者农机操作员按接收到的指令对农机装备进行调度控制。

上述流程中，流程（2）和流程（6）是计算机信息平台和农机装备现场之间的通信，主要使用通信技术；流程（1）、流程（7）和流程（8）都属于农机装备现场产生的业务；其余的主要业务在计算机信息平台侧完成。农机装备现场主要完成数据采集，调度信息接收和调度业务执行。计算机信息平台侧主要完成数据接收、数据分析、调度指令下发业务。

三、农机装备定位和调度系统的业务功能

农机装备定位和调度系统的业务功能可划分为数据采集功能、数据接收功能、数据分析功能、调度指令下发功能、调度执行功能、信息传输功能和其他一些辅助功能。

（一）数据采集功能

数据采集功能实现对农机装备相关信息进行采集，这些采集的原始数据上报到计算机信息平台侧后可进行进一步的数据分析，方便农机装备管理员进行相关的调度服务。采集的数据信息如下：

1. 位置信息

位置信息包含当前农机装备的地理位置信息和时间信息，位置信息主要以经度和纬度信息的组合体现，位置信息是农机装备定位和调度系统的基础。

2. 农机装备信息

农机装备信息包含农机装备描述信息、操作者工作状态和农机装备运行状态信息。农机装备运行状态信息指通过车辆CAN总线获取到农机装备相关的运行状态信息，包括车速、油量、运行状态等。农机装备运行状态信息在为农机调度提供更多的参考依据的同时，可实现远程精准控制调度服务，如根据车辆所处区域位置对车辆制动装备进行控制。

3. 农机装备运行环境信息

农机装备运行环境相关信息主要指农机装备外部环境信息，环境相关信息为农机调度提供更多的参考依据。

（二）数据接收功能

数据接收功能要求对数据采集功能采集的相关信息进行接收和存储。

（三）数据分析功能

数据分析功能基于数据采集信息，在计算机信息平台侧结合地理信息系统进行统计、分析、挖掘、评估等综合处理，以数据、图表的形式生成数据分析结论，为用户提供全面、准确的车辆位置、运行状态等信息，这些信息是进行调度决策的基础。

（四）调度指令下发功能

调度指令下发功能在计算机信息平台侧实现，以人工的或自动控制的方式通过通信网络向农机装备发送调度指令。调度指令可以以文本、远程控制命令或语音方式为载体。

1. 文本方式

文本方式指在计算机信息平台侧以调度人员手工文字方式或自动触发方式下发文本类型的调度指令，并在农机装备侧显示。文本方式要求农机装备现场有文本显示提醒装置可以接收文本信息并进行显示提醒，方便农机操作者及时阅读。

2. 远程控制命令方式

远程控制命令方式指内置模块方式下，调度人员通过计算机信息平台侧直接发起调度命令或根据特定业务逻辑系统自动触发远程调度命令，农机装备侧通过通信模块接收调度指令，并通过总线控制相关模块的执行。

3. 语音方式

语音方式指在计算机平台侧调度人员以语音通话的方式向农机装备操作人员发起调度指令，由农机装备操作人员执行。

（五）调度执行功能

调度执行功能体现在具体调度信息的执行，调度命令以文本或语音方式下发时，具体的调度由农机装备操作员执行；以远程控制命令方式下发时，由农机装备具体执行模块执行。

（六）信息传输功能

信息传输功能实现农机装备侧和计算机信息平台侧之间的通信功能。

除上述功能外，在业务实现过程中，还需要在计算机信息平台侧对农机装备、计算机信息平台侧硬件设备的运行状态，以及软件系统中用户角色、业务权限、工作状态进行统一管理。

第三节　农机装备定位和调度系统的设计

一、农机装备定位和调度系统设计的分类

农机装备定位和调度系统在不同分类的应用过程中业务需求大体一致，即农机调度人员依据农机位置信息，进行对应的调度指令下发。依据系统所处位置，系统总体设计可分为农机装备现场终端侧功能设计和计算机信息平台侧功能设计。

（一）农机装备现场终端侧功能设计

农机装备现场终端主要指承载业务的接入终端，农机接入终端把实时的地理位置信息上报到计算机信息平台侧，同时接收计

算机信息平台侧下发的调度信息。农机接入终端除提供农机位置信息外，可根据自身功能设计以及和农机装备自控系统耦合紧密程度，可提供视频信息上报、农机装备运行状态信息等额外功能。

因为现有的地图信息很难覆盖到农机装备作业现场，为完善地图信息，这个时候需要地理信息采集终端进行数据信息的一次性采集。

（二）计算机信息平台侧功能设计

计算机信息平台侧提供面向农机终端和农机装备调度管理人员的信息服务。针对农机接入终端提供信息浏览、调度指令下发等功能；针对地理信息数据采集终端提供数据接收功能；针对农机装备管理员提供农机位置信息浏览、调度指令下发等基本功能；针对可提供视频图像的接入终端、计算机侧可提供视频查看功能；针对提供农机设备运行状态的接入终端，计算机信息平台侧可提供远程操控功能。

由于农机装备现场很难具备有线网络接入条件，农机终端和计算机信息平台侧之间一般通过移动互联网方式（如 4G、5G 方式）实现。

二、农机装备定位和调度系统设计的原则

农机装备定位和调度系统设计应遵循整合性、兼容性、差异性和多样性的原则。

（一）整合性

整合性指在农机装备侧需要整合定位功能和通信功能，使农机装备的位置信息可及时通过通信功能上报到计算机信息平台侧，计算机信息平台侧的调度信息可及时下发到农机装备侧。

（二）兼容性

兼容性指计算机信息平台侧系统兼容不同的定位终端类型接

入，包含手持终端方式、机载终端方式、软件安装方式和内置模块方式。兼容性原则使农机装备在选择定位装置的时候，可使用不同类型的定位终端。

（三）差异性

差异性指计算机信息平台侧系统可根据农机装备的定位接入方式提供不同的服务，不同定位接入方式所包含的信息量存在差异，除了基本的位置信息外，还可包含视频信息、农机运行状态信息等。计算机平台除了根据位置信息提供基础的业务服务外，还可根据视频信息提供视频监控查看功能，根据农机运行状态信息提供更精细的远程控制等功能。

（四）多样性

多样性指计算机信息平台侧对不同的对象提供不同的服务形态，对农机装备操作员提供以终端为载体的服务，对农机装备管理员提供以 PC 为载体的服务。例如，对农机装备操作员提供终端导航服务，对农机装备管理员提供农机装备位置查询、调度服务等。

三、农机装备定位和调度系统的架构

农机装备定位和调度系统整体架构主要包括农机装备工作现场、通信网络和计算机平台侧系统，如图 2-4 所示。

（一）农机装备工作现场

农机装备工作现场由农机接入终端和信息采集终端组成。每台农机装备上会对应一个农机接入终端，接入终端通过内置模块从定位通信网络获取农机装备现场的位置信息，通过其他功能模块获取运行状态等信息，并通过通信模块以无线通信方式上报到计算机信息平台侧系统。同时，通过通信网络接收来自计算机信

息平台侧的调度信息和其他相关信息。农机装备定位和调度系统
需要匹配地理信息系统进行相关定位和调度，地理信息采集终端
实现对地理信息的采集。

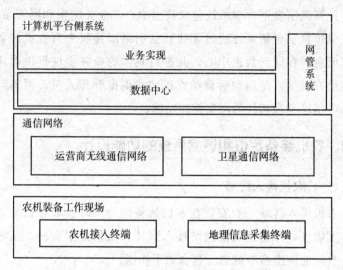

图 2-4 农机装备定位和调度系统整体架构图

（二）通信网络

通信网络包含运营商无线通信网络和卫星通信网络。通信网
络是农机终端和计算机信息平台侧系统之间的信息传输管道，同
时为农机终端提供定位服务。定位通信网络一般采用卫星网络或
运营商无线通信网络的定位功能。运营商无线通信网络可采用运
营商 4G、5G 或 LTE 网络，如果农机接入终端只进行数据信息的
上报，采用 4G 网络即可满足上行带宽需求；当农机接入终端通
过无线通信网络上报视频信息时，需要考虑使用 4G 或 LTE 网络
以保证足够的带宽需求。定位通信网络如采用运营商的基站定位，
其精度往往不及卫星定位准确，一般通过基站辅助定位的方式提
高定位速度，或者在某些特定场景下因收不到 GPS 信号而可以作

为定位补充能力提供定位服务。采用卫星定位的方式一般多采用GPS 网络。

（三）计算机信息平台侧系统

计算机信息平台侧系统包含数据中心、业务实现和网管系统。计算机信息平台侧系统通过无线通信网络层接收来自农机装备的数据信息并存储到数据中心，并进行具体的业务实现提供对应的功能给农机接入终端和后台的农机装备调度管理人员，网管系统提供应用层平台运行的网络管理功能。

四、农机装备定位和调度系统的功能设计

（一）农机接入终端

农机接入终端一般安装在农机装备内，实时获取农机装备地理位置信息，并通过通信网络接入到计算机信息平台侧，接收来自平台侧的调度指令信息。包含如下功能：

1. 实时定位

通过内置定位功能，实现位置信息的实时获取。一般多采用GPS 芯片方式通过卫星网络获取实时位置信息。

2. 网络通信

使用无线通信协议，如 4G 和 5G，用于实现农机接入终端和计算机信息平台侧系统之间的数据通信和语音双向通信。

3. 信息采集

信息采集功能指农机接入终端通过实时定位功能获取当前的地理位置信息，通过总线消息获得农机运行状态信息。同时，信息采集功能可实现视频采集功能。视频采集是农机接入终端的可选功能，主要由相关视频采集模块通过摄像头对视频信息进行采集和转码，并对视频信息进行实时上报，方便计算机信息平台侧

对农机装备现场进行实时浏览。

4. 信息存储

信息存储功能指农机接入终端可存储来自计算机信息平台侧的调度文字提醒信息，同时在网络通信功能异常的时候，可对当前采集的位置信息进行存储。

5. 信息上报

信息上报指接入终端通过网络通信功能把采集到的信息上报到计算机信息平台侧系统。

6. 调度接收

调度接收指接入终端通过网络通信功能接收来自计算机信息平台侧系统下发的调度信息，调度指令信息包含文字提示信息和控制指令信息。信息接收功能对接收到的文字信息进行转发，同时显示模块进行信息显示；对接收的控制指令信息通过消息总线实现对农机装备的具体控制。

7. 信息显示

信息显示是农机接入终端的可选功能，它指计算机接入终端可显示接收到计算机信息平台侧的调度文本信息。

8. 位置导航

位置导航功能是农机接入终端的可选功能，它指根据目的地位置的设定和实时定位获取到当前地理位置的信息，结合地图信息对当前信息、目的地信息和行动路径进行显示导航。

除上述功能外，农机接入终端还能实现电源管理、协议处理、数据交换等功能。

（二）地理信息采集终端

地理信息采集终端是实现农机装备定位和调度系统的辅助终端设备，并不参与农机装备定位和调度的相关流程。它以车载方式实现地图信息的采集，采集信息用于制作电子地图，主要功能如下：

1. 实时定位

通过内置定位功能，实现位置信息的实时获取。一般多采用GPS 芯片方式通过卫星网络或者借助移动运营商的基站获取实时位置的信息。

2. 信息采集

信息采集功能指终端通过实时定位功能获取当前的地理位置信息，包含信息标注点的采集和线路测量信息采集。信息标注点指通过实时定位采集相关地理位置关键点的数据信息。线路测量信息是制作电子地图的核心部分，通过起点和终点的添加设置，在行车过程中通过实时定位自动记录相关道路的信息，在线路测量过程中可以添加信息标注点。

3. 信息存储

信息存储功能要求对采集的信息可以在本地进行存储。

4. 信息导出

信息导出功能要求对已采集并存储到终端上的数据可以导出到计算机平台侧进行进一步的处理。

(三) 数据中心

数据中心位于计算机信息平台侧，以数据库或文件的方式存储计算机信息平台侧系统所需业务数据、管理数据和地图数据信息，并提供数据的写入、读取、更新和删除操作。主要功能如下：

1. 数据写入

向业务及管理系统开放数据的写入功能，允许相关子系统通过采用数据库封装接口调用的方式实现数据的写入功能。

2. 数据存储

以数据库或文件的方式实现数据的存储功能。支持不同的数据配置不同的存储方式，包含永久存储、长期存储和短期存储，并提供数据的安全保护机制。

3. 数据查询

向应用层各个子系统开放数据的读取、查询功能，允许应用层各个子系统通过数据库访问接口向数据库查询数据，包括查询单条数据和集合数据。

（四）农机管理子系统

农机管理子系统实现农机装备信息管理和参数信息设置，相关信息管理包含信息的添加、修改、删除和查找功能。

1. 农机装备信息

农机装备信息由农机装备基本信息、操作员信息、通信终端信息和其他信息组成。

农机装备基本信息包括农机设备编号、农机设备牌照、发动机号、排量、所属单位、农机用途、运营区域、燃油类型、百公里油耗等信息。

操作员信息包括操作员的姓名、性别、联系电话、居住地址、驾驶执照领取日期、驾驶执照有效日期等信息。

通信终端信息包含终端名称、类型、号码、使用卡号、状态、激活日期等信息。

其他信息包含农机装备保险记录信息和维修记录信息等。

2. 参数信息设置

参数信息包含平台参数、农机终端参数、农机状态参数和农机控制命令参数。

平台参数设置指平台侧进行配置的参数信息，包括是否可采集农机运行状态、是否可以远程控制等参数设置。

农机终端参数指农机接入终端所用的配置参数，在平台侧设置后下发到农机接入终端，包含位置信息采集周期、终端心跳间隔、上报时间间隔、上报距离间隔等参数设置。

农机状态参数指农机装备相关工作状态的设置参数，在平台侧设置后下发到农机接入终端，设置包含油量检测间隔参数、停车参数、报警参数、拍照参数、超速提醒参数等参数设置。

农机控制命令参数指可以远程控制农机设备的具体命令，存储在计算机信息平台侧，包含断油、断电等参数设置。

（五）农机定位子系统

农机定位子系统接收安装在农机装备上的农机接入终端上报的地理位置信息，并和电子地图信息融合实现农机装备的状态显示、实时定位、电子围栏、农机告警等功能。

1. 数据接收

数据信息包含位置数据信息和农机工作状态数据信息两部分。位置信息由安装在不同农机装备上的农机接入终端采集当前地理位置信息，并通过通信模块上报到计算机信息平台侧的农机定位子系统，农机定位子系统完成对地理位置信息的接收、转换工作，并把转换后的数据存入数据中心。农机工作状态信息由接入终端通过设备总线消息获取当前装备工作状态的相关参数信息，并通过网络通信模块上报到农机定位子系统，农机定位子系统完成信息的接收、转换和存储工作。

2. 农机状态

农机状态包含农机装备在线状态和农机工作状态。农机装备在线状态通过计算机信息平台侧系统时间、农机装备的定位信息最后上报时间，以及用上报周期和上报时间相匹配的方式来计算农机装备当前状态，状态包含在线、离线和异常三种状态。计算机信息平台侧的当前时间减去最后上报时间后，其结果若小于上报周期，设备为在线状态。在线状态又可细分为在线正常状态和在线告警状态。当农机装备触发相关告警逻辑后，农机状态为在线告警状态。计算机信息平台侧当前时间减去最后上报时间后，其结果若大于上报周期，设备为离线状态；数据上报异常或无法计算时，状态设置为异常状态。农机工作状态信息包含当前行驶速度、当前行驶里程、油耗、发动机工作状态、农机工作环境信息和视频信息等。农机工作状态信息取决于农机装备的消息总线开放程度以及农机接入终端相关的功能实现。

3. 实时定位

实时定位指通过电子地图子系统和农机位置、状态信息的融合，在地图上显示当前农机的位置和相关状态，并可以通过农机管理子系统定义的农机所属单位等属性进行相关农机装备的查找定位。通过电子地图子系统提供的功能实现地图区域查找农机等功能。

4. 电子围栏

电子围栏功能通过在电子地图上标注特定区域范围、设置告警类别，通过农机当前位置判断是否触发告警逻辑，来实现农机的位置管理。

5. 农机告警

农机告警功能通过定义相关的电子围栏，并匹配农机状态信息进行判断，进行相关告警通知。告警以短信、邮件方式设置农机装备告警状态等方式通知农机装备管理人员。

（六）电子地图子系统

电子地图子系统接收来自地理信息采集终端采集的相关信息，并提供信息编辑功能对信息进行梳理，最终以空间信息方式存储到数据中心。

1. 数据接收

在计算机信息平台侧通过电子地图子系统的数据接收功能，可读取地理信息采集终端采集的原始地理位置数据信息，并把原始信息存入数据中心。

2. 信息编辑

地理信息采集终端在对道路信息进行采集时，受定位精度、车辆在行驶直线过程中偶尔产生折线等情况限制，导致数据接收到的原始地理位置信息不能被直接使用。信息编辑功能提供人工和自动校验两种方式。人工方式以人工识别方式对地理信息进行逐条修改和调整，自动校验方式以程序算法实现数据的批量修改和调整。

3. 数据审查

电子地图子系统以多级编辑审核机制保证地理信息编辑的准确性，只有通过数据审核的地理位置信息才能对外提供服务。

4. 地图显示

地图显示调用数据中心中经过审核的空间地理信息数据，结合地图引擎服务以地图形式呈现，并对外提供接口服务，支持地图的放大、缩小、标注、框选、位置、图层选择、查询等操作。

（七）视频监控子系统

视频监控子系统通过安装在农机接入终端侧的视频采集摄像头，实现在平台侧监控农机装备现场的相关媒体信息，主要功能如下：

1. 视频查看

通过与农机管理子系统关联，实现按照农机装备终端查看相关视频信息的功能，并提供云端操作界面，实现前端摄像头的上、下、左、右、拉伸、缩放等控制操作。

2. 快照查看

由于农机现场侧视频信息最终通过无线通信方式接入到视频监控子系统，视频查看功能要求前端摄像头实时在线并保持流媒体连接，会产生大量的数据流量。快照查看功能根据农机管理子系统中的配置参数定义触发拍照逻辑，按照时间产生快照信息，在实现农机现场侧媒体信息查看的同时节省网络流量。

3. 视频告警

视频告警为可选功能，通过对流媒体视频的实时后台分析，对视频内容进行进一步的行为分析，可实现驾驶员疲劳驾驶告警等功能。

（八）远程调度子系统

远程调度子系统和农机接入终端相匹配实现农机装备的远程调度服务，主要功能如下：

1. 信息推送

信息推送功能指农机调度人员编辑相关调度的提示信息，并下发到农机接入终端。通过调用电子地图子系统和农机管理子系统功能可实现信息按照地图区域范围和农机类型、所属单位批量推送。

2. 农机呼叫

农机呼叫实现在计算机信息平台侧与农机现场双向语音交流。

3. 远程控制

远程控制功能通过读取农机管理子系统中农机控制命令参数，下发到农机接入终端，并由农机接入终端通过农机总线实现具体的控制命令。远程控制包含手工控制模式和自动控制模式，手工控制模式允许调度人员通过计算机平台选择特定农机终端进行远程控制。自动控制模式允许操作员在平台侧根据地理位置信息或地图位置信息设置自动控制逻辑，并配合农机定位子系统采集相关信息实现农机装备的自动控制。

4. 导航服务

导航服务通过计算机信息平台侧对信息的融合，向农机接入终端提供实时路况、地址查询、路线规划、路口提醒等服务。

（九）运营维护子系统

运营维护子系统实现计算机信息平台侧的运营管理支撑功能，具体功能如下：

1. 客户管理

客户管理支持不同的客户使用同一套计算机平台系统，不同客户的数据统一存储在数据中心，客户管理和其他子系统之间业务集成，对不同客户提供不同的操作视图界面，业务操作互不影响。客户管理支持同一客户下创建不同的用户。

2. 用户管理

用户管理支持业务系统用户的创建、修改和删除操作，支持修改用户密码、用户所属角色和用户其他相关属性。

3. 权限管理

权限管理包含资源权限和功能操作权限两部分。资源权限包含农机管理子系统中具体的农机操作权限、电子地图中区域浏览操作权限。功能操作权限指计算机信息平台侧系统按照操作功能进行划分，如用户添加功能、用户修改功能等。

4. 报表功能

报表功能包含平台侧运营关键信息的统计和查看功能，报表查看分为平台管理视图和客户视图两部分。平台管理视图可查看平台侧所有与客户相关的业务数据统计结果，客户视图只能查看对应客户相关的数据统计结果。

5. 日志功能

日志功能实现平台侧操作用户操作的记录、存储和查看功能。日志的操作结果统一记录在数据中心，日志的查看和报表查看功能一样，分为平台管理视图和客户视图查看两部分。

（十）用户门户

用户门户汇聚计算机信息平台侧各个子系统的业务功能，并向调度人员提供操作界面。调度人员按照不同角色加载不同的业务功能。门户功能如下：

1. 用户登录

用户由运营维护子系统创建，用户登录功能要求只有授权用户才能使用门户相关功能。

2. 位置管理

按照不同的用户权限，用电子地图方式列出当前用户有权限查看的农机装备相关位置信息，支持关键字查找、框选查找功能，也支持地图点击农机装备后查看农机装备的详细信息。

3. 农机装备查看

农机装备查看包含位置信息、属性信息和多媒体信息的查看功能。位置信息包含当前位置和历史轨迹；属性信息指农机基本信息、操作员信息、通信终端信息和其他信息；多媒体信息包含视频信息和快照信息。

4. 农机调度

农机调度功能实现对农机装备的调度管理，包含调度指令下发、调度命令下发和双向信息交流功能。调度指令下发指农机调度人员通过业务门户以文本方式向特定或区域内农机设备发送调度提醒信息，农机操作员通过农机接入终端实现信息的接收阅读。

调度命令下发指农机调度人员通过业务门户以命令方式向单个农机或区域内批量农机发动远程调度命令，实现农机装备的远程控制。双向信息交流指农机调度人员通过业务门户查找特定的农机或农机操作员，通过农机接入终端接入计算机平台实现双向的语音交流。

5. 告警设置

告警设置功能实现计算机信息平台侧定义的相关业务逻辑，并根据农机实时位置进行逻辑判断，是否触发逻辑条件。

6. 统计报表

统计报表功能实现按照不同的农机装备信息和时间统计相关报表，包含农机超速报表、农机形势历程报表等。

7. 操作日志

操作日志记录用户在门户的操作信息日志，可按照时间和操作类别进行查找。

(十一) 管理员门户

管理员门户除实现用户门户的所有功能外，还汇聚计算机信息平台侧各个子系统的管理支撑功能，并向平台运营管理人员提供操作界面。管理人按照不同的角色加载不同的管理功能。门户功能如下：

1. 客户管理

维护客户属性信息，实现客户的增加、删除、修改和查询功能。

2. 用户管理

维护用户属性信息，实现用户的增加、删除、修改和查询功能。可设置用户角色和用户密码信息。

3. 角色管理

维护角色属性信息，实现角色的增加、删除、修改和查询功能。

4 权限管理

维护权限描述信息，实现权限描述信息的增加、删除、修改和查询功能，并实现角色的权限操作关联和角色的可操作区域的关联。

5. 农机管理

维护农机属性信息，包含操作员信息、通信终端信息和其他信息。维护农机参数设置信息，包含农机终端参数、农机状态采集参数和农机控制命令参数。

6. 系统设置

维护系统平台侧系统参数，修改当前管理员的密码和相关属性信息。

7. 统计报表

提供完整数据信息的统计报表服务，并可按客户纬度对报表进行浏览。

8. 操作日志

提供完整数据信息的日志查询服务，并可按照操作员查询日志信息。

(十二) 网管系统

网管系统包括计算机信息平台侧系统的服务状态管理、故障管理、性能管理、安全管理等功能。服务状态管理包含各个子系统当前的运行状态、在线用户数等信息。故障管理支持定义一些性能参数的阈值，提供服务异常告警功能。性能管理实时监控各个子系统运行过程中的硬件资源和网络资源占用率。安全管理支持操作员的分级管理，不同级别的操作人员具有不同的操作权限。

第三章
农业无人机应用

第一节　农业无人机概述

一、农业无人机的组成

农业无人机是指用于农作物保护作业的无人机，主要集中运用于植保、施肥、播种、灾害预警、产量评估、农田信息遥感等领域。农业无人机主要由飞机平台及药械、机载系统、地面站系统及辅助设备三部分组成，通过地面遥控或 GPS 飞控来实现喷洒作业。

(一) 飞机平台及药械

飞机平台是无人机的主体结构，包括机翼、起落架、发动机等。药械则是指用于施药的设备，如药箱、喷头等。

(二) 机载系统

机载系统包括无人机内部的导航、控制、通信、传感器等设备。这些设备负责无人机的飞行控制、导航、施药等工作，以及传感器负责收集环境信息，如温度、湿度、光照等。

(三) 地面站系统及辅助设备

地面站系统包括用于远程控制无人机的设备，如遥控器、计算机等。辅助设备则包括用于无人机维护和操作的设备，如充电池、充电器、维修工具等。

此外，农业无人机还需要根据具体应用和任务要求进行选配和定制，如不同规格的喷头、不同种类的农药等。同时，农业无人机也需要遵守相关的法规和标准，如飞行高度、速度、重量等限制，以确保安全和合规性。

二、农业无人机的类型

目前，农业无人机主要是固定翼无人机、无人直升机、多旋翼无人机三种类型。

（一）固定翼无人机

固定翼无人机是一种具有固定机翼的无人机，它具有较长的航程和较快的飞行速度，能够实现远距离飞行和高速巡航。这种无人机通常用于大面积的农田监测和作物生长情况监测等领域。

（二）无人直升机

无人直升机是一种具有垂直起降和空中悬停功能的无人机，它具有灵活的飞行方式和较高的机动性，能够适应各种复杂的环境和地形。这种无人机通常用于较小面积的农田喷洒农药、施肥等作业，以及作物生长情况监测和灾情监测等领域。

（三）多旋翼无人机

多旋翼无人机是一种具有多个旋翼的无人机，它具有稳定的飞行性能和较好的操控性，能够在狭小的空间内飞行和悬停。这种无人机通常用于较小面积的农田喷洒农药、施肥等作业，以及作物生长情况监测和灾情监测等领域。

总的来说，不同类型的农业无人机具有不同的优点和适用范围，用户需要根据具体的应用场景和需求选择合适的无人机类型。

三、农业无人机的优势

农业无人机具有的优势如下：

（一）提高生产效率

农业无人机可以快速、准确地监测作物生长情况和环境变化，及时做出反应，提高生产效率。由于无人机可以空中作业，可以覆盖到地面上难以到达的区域，从而更全面、更准确地监测作物的生长情况，及时发现潜在问题，采取有效的措施解决。

（二）降低劳动成本

农业无人机可以减少人力投入，降低劳动成本，特别是在需要大量人力的农作物病虫害防治、施肥等生产环节。由于无人机采用智能控制技术，可以自动化完成一些繁重的任务，如喷洒农药、施肥等，减少人力成本，提高生产效益。

（三）提高作业精度

农业无人机可以在高空中进行作业，具有较高的作业精度和覆盖率，能够准确地喷洒农药、施肥等，减少浪费和污染。无人机采用先进的导航和控制系统，可以实现高精度的定位和操控，保证作业的准确性和一致性，提高农作物的品质和产量。

（四）增加作物产量

农业无人机可以通过快速准确的监测和喷洒农药，有效提高农作物产量和品质，增加农业收益。由于无人机可以快速准确地监测作物的生长情况和健康状况，可以及时采取有效的措施防治病虫害和促进作物生长，提高农作物的品质和产量。

（五）提高抗灾能力

农业无人机可以对作物进行航拍监测，及时发现病虫害和气象灾害等，采取相应措施进行防治和抗灾，有效减少农业损失。由于无人机可以快速到达现场，对灾情进行实时监测和评估，可以及时采取有效的防治措施，减轻灾害对农作物的影响。

（六）环保和节能

农业无人机可以减少农药使用量和化肥施用量，减少对环境的污染和对自然资源的消耗，具有环保和节能的优点。由于无人机采用智能控制系统和高科技设备，可以更精确地控制农药和化肥的使用量，减少浪费和污染，同时也可以降低能源消耗。

总之，农业无人机具有许多优点，可以提高生产效率、降低劳动成本、提高作业精度、增加作物产量、提高抗灾能力、环保和节能等。这些优点可以极大地促进现代农业的发展和提高农业的可持续性。

第二节　无人机在植保中的应用

农用植保无人机是用于农林植物保护作业的无人驾驶飞机，通过地面遥控或 GPS 飞控来实现喷洒作业，可以喷洒药剂、种子、粉剂等。由于农用植保无人机体积小、重量轻、运输方便、可垂直起降、飞行操控灵活，对于不同地域、不同地块、不同作物等具有良好的适应性。因此不管在我国北方还是南方，丘陵还是平原，大地块还是小地块，农用植保无人机都拥有广阔的应用前景。

一、无人机喷洒的优势

无人机越来越多地应用于农林作业，特别是农业植保方面。由于农作物株高和密度的限制，大型机械难以进入地块喷施农药，即使选用先进的农药喷施机械也会对农作物造成一定面积的损伤，从而影响产量。如果使用人工喷洒，作业劳动强度大、作业时间长、透风性差等因素容易引起作业人员的药物中毒和喷施程度不均匀等现象，达不到预期效果。这些问题的解决看来非农用无人机不可。

（一）高效安全环保

相对于固定翼飞机，无人机重量轻、体积小、机动性好，不需要专业跑道,在草坪和平地都能起降,非常适合我国地形复杂范围的农作物农药喷雾作业。并且无人机在农业作业中,飞行速度、与农作物距离、喷洒高度等都可以根据农作物的需要进行灵活的调整。专业农用无人机与农作物的距离最低可保持在 1m 的高度,规模也能达到 100 亩/h,其效率要比常规喷洒至少高出 100 倍。不会造成农药喷洒过度的现象,可以大大节省农药和水资源,并避免因食入农药过量的农产品而危害人体健康的事件发生,也不会因农药喷洒不够而消灭不了病虫害导致农作物减产。环境污染的情况可以大大改善,且由于采用远程操纵飞机,农药对施药人员的危害也可以大大减低。

(二) 防治效果好

喷雾药液在单位面积上覆盖密度越高、越均匀,防治效果才会越好。无人机大多为螺旋机翼作业,高度比较低,桨叶在旋转时会在下方的农作物上形成一个紊流区,喷洒农药时可以翻动和摇晃农作物。因此,采用超细雾状喷洒比较容易透过植物绒毛的表面形成一层农药膜,同时能将部分农药喷洒到茎叶背面,从而均匀而有效地杀灭病虫害,这是目前使用人工和其他喷洒设备无法做到的喷洒效果。减少了农药飘失程度,并且药液沉淀积累和药液覆盖率都优于常规,因此防治效果也比传统的好。

(三) 节水节药成本低

无人机喷洒技术采用喷雾喷洒方式至少可以节约 50% 的农药使用量,节约 90% 的用水量,这将在很大程度上降低资源成本。而且无人机折旧率低,单位作业人工成本低,易于维修。

二、植保无人机的运行要求

(一) 飞行要求

植保无人机飞行是指无人机进行下述飞行。

（1）喷洒农药。

（2）喷洒用于作物养料、土壤处理、作物生命繁殖或虫害控制的任何其他物质。

（3）从事直接影响农业、园艺或森林保护的喷洒任务，但不包括撒播活的昆虫。

（二）人员要求

（1）运营人指定一个或多个作业负责人，该作业负责人应当持有民用无人机驾驶员合格证并具有相应等级，同时接受了下列知识和技术的培训或者具备相应的经验。

人员要求具备以下理论知识。

①开始飞行前应当完成的工作步骤，包括作业区的勘察。

②安全处理有毒药品的知识及要领和正确处理使用过的有毒药品容器的办法。

③农药与化学药品对植物、动物和人员的影响及作用，重点在计划运行中常用的药物以及使用有毒药品时应当采取的预防措施。

④人体在中毒后的主要症状、应当采取的紧急措施和医疗机构的位置。

⑤所用无人机的飞行性能和操控限制。

⑥安全飞行和作业程序。人员要求具备飞行技能，以无人机的最大起飞全重完成起飞、作业线飞行等操控动作。

（2）作业负责人对实施农林喷洒飞行的每个人员实施规定的理论培训、技能培训以及考核，并明确其在飞行中的任务和职责。

（3）作业负责人对农林喷洒飞行负责，其他作业人员应该在作业负责人的带领下实施作业任务。

（4）对于独立喷洒作业人员，或者从事作业高度在 15m 以上的作业人员应持有民用无人机驾驶员合格证。

（三）喷洒限制

实施喷洒作业时，应当采取适当措施，避免喷洒的物体对地面的人员和财产造成危害。

（四）喷洒记录保存

实施农林喷洒作业的运营人应当在其主运行基地保存关于下列内容的记录。

①服务对象的名称和地址。②服务日期。③每次飞行所喷洒物质的量和名称。④每次执行农林喷洒飞行任务的驾驶员的姓名、联系方式和合格证编号，以及通过知识和技术检查的日期。

三、植保无人机的作业流程

（一）确定防治任务

展开飞防服务之前，首先需要确定防治农作物类型、作业面积、地形、病虫害情况、防治周期、使用药剂类型以及是否有其他特殊要求。具体来讲就是：勘察地形是否适合飞防、测量作业面积、确定农田中的不适宜作业区域（障碍物过多可能会有炸机隐患）、与农户沟通、掌握农田病虫害情况报告，以及确定防治任务是采用飞防队携带药剂还是农户自己的药剂。

需要注意的是，农户药剂一般自主采购或者由地方植保站等机构提供，药剂种类较杂且有大量的粉剂类农药。由于粉剂类农药需要大量的水去稀释，而植保无人机要比人工节省90%的水量，所以不能够完全稀释粉剂，容易造成植保无人机喷洒系统堵塞，影响作业效率及防治效果。因此，需要和农户提前沟通，让其购买非粉剂农药。比如水剂、悬浮剂、乳油等。

另外，植保无人机作业效率根据地形一天为200～600亩，所以需要提前配比充足药量．或者由飞防服务团队自行准备飞防专用药剂，进而节省配药时间，提高作业效率。

（二）确定飞防队伍

确定防治任务后，就需要根据农作物类型、面积、地形、病虫害情况、防治周期和单台植保无人机的作业效率，来确定飞防人员、植保无人机数量以及运输车辆。一般农作物都有一定的防治周期，在这个周期内如果没有及时将任务完成，将达不到预期的防治效果。对于飞防服务队伍而言，首先应该做到的是保证防治效果，其次才是如何提升效率。

举例来说，假设防治任务为水稻 2 500 亩，地形适中，病虫期在 5 天左右，单旋翼油动植保无人机保守估计日作业面积为 300 亩。300 亩×5 天＝1 500 亩，所以需要出动两台单旋翼油动植保无人机：而一台单旋翼油动植保无人机作业最少需要一名飞手（操作手）和一名助手（地勤），所以需要 2 名飞手与 2 名助手。最后，一台中型面包车即可搭载 4 名人员和 2～3 架单旋翼油动植保无人机。

需要注意的是，考虑到病虫害的时效性及无人机在农田相对恶劣的环境下可能会遇到突发问题等因素，飞防作业一般可采取 2 飞 1 备的原则，以保障防治效率。

（三）环境天气勘测及相关物资准备

首先，进行植保飞防作业时，应提前查知作业地方近几日的天气情况（温度及是否有伴随大风或者雨水）。恶劣天气会对作业造成困扰。提前确定这些数据，更方便确定飞防作业时间及其他安排。其次是物资准备。电动多旋翼需要动力电池（一般为5～10组）、相关的充电器，以及当地作业地点不方便充电时可能要随车携带发电设备。单旋翼油动直升机则要考虑汽油的问题，因为国家对散装汽油的管控，所以要提前加好所需汽油或者掌握作业地加油条件（一般采用 97♯），到当地派出所申请农业散装用油证明备案（不同地域有所差别，管控松紧不一，一般靠近农村乡镇不会有这种问题）。然后是相关配套设施，如农药配比和运输需要的药壶或水桶、飞手和助手协调沟通的对讲机，以及相关作业防护用品（眼镜、口罩、工作服、遮阳帽等）。如果防治任务是包工包药的方式，就需要飞防团队核对药剂类型与需要防治作物病虫害是否符合，数量是否正确。一切准备就绪，天气适中，近期无雨水或者伴随大风（一般超过 3 级风将会对农药产生大的漂移），即可出发前往目的地开始飞防任务。

（四）开始飞防作业

飞防团队应提前到达作业地块，熟悉地形、检查飞行航线路径有无障碍物、确定飞机起降点及作业航线基本规划。

随后进行农药配置，一般需根据植保无人机作业量提前配半天到一天所需药量。

最后，植保无人机起飞前检查，相关设施测试确定（如对讲机频率、喷洒流量等），然后报点员就位，飞手操控植保无人机进行喷洒服务。

在保证作业效果效率（例如航线直线度、横移宽度、飞行高度、是否漏喷重喷）的同时，飞机与人或障碍物的安全距离也非常重要。任何飞行器突发事故时对人危险性较高，作业过程必须时刻远离人群，助手及相关人员要及时进行疏散作业区域人群，保证飞防作业安全。

用药时请使用高效低毒检测无残留的生物农药，以避免在喷洒过程中对周围的动植物产生不良影响、纠纷和经济赔偿。气温高于 35℃时，应停止施药，高温对药效有一定影响。

一天作业任务完毕，应记录作业结束点，方便第二天继续前天作业田块位置进行喷洒。然后是清洗保养飞机、对植保无人机系统进行检查、检查各项物资消耗（农药、汽油、电池等）。记录当天作业亩数和飞行架次、当日用药量与总作业亩数是否吻合等，从而为第二天作业做好准备。

第三节 无人机的其他农业应用

农药喷洒是植保无人机最常见的应用方式，但是无人机在农业方面的应用并不仅仅局限于此，它在农业方面还有更多其他的运用。

一、农田信息监测

无人机农田信息监测主要包括病虫监测、灌溉情况监测及农作物生长情况监测等，是利用以遥感技术为主的空间信息技术通过对大面积农田、土地进行航拍，从航拍的图片、摄像资料中充分、全面地了解农作物的生长环境、周期等各项指标，从灌溉到土壤变异，再到肉眼无法发现的病虫害、细菌侵袭，指出出现问题的区域，从而便于农民更好地进行田间管理。无人机农田信息监测具有范围大、时效强和客观准确的优势，是常规监测手段无法企及的。

二、智能避障与地形跟踪

由于农田中存在电线杆、树木、人员混杂的情况，其作业环境复杂，因此必须要考虑障碍物规避的问题。基于改进人工势场的避障控制方法可将地表障碍物划分为低矮型和高杆型，并通过制定不同的避障策略，将无人机与障碍物的相对运动速度引入到人工势场中，给出基于改进人工势场的智能避障控制算法。

三、智能作业航线规划

在多目标约束条件下，研究基于作业方向和多架次作业能耗最小的不规则区域的智能作业航线规划算法。在不规则作业区域已知的情况下，根据指定的作业方向和作业往返总能耗，可快速规划出较优的作业航线，使整个作业过程的能耗和药液消耗最优，从而减少飞行总距离和多余的覆盖面积。

四、农业保险勘察

农作物在生长过程中难免遭受自然灾害的侵袭，使得农民受损。对于拥有小面积农作物的农户来说，受灾区域勘察并非难事，但是当农作物大面积受到自然侵害时，农作物查勘定损工作量极大，其中最难以准确界定的就是损失面积的问题。

农业保险公司为了更为有效地测定实际受灾面积，进行农业保险灾害损失勘察，将无人机应用到农业保险赔付中。无人机具有机动快速的响应能力、高分辨率图像和高精度定位数据获取能力、多种任务设备的应用拓展能力、便利的系统维护等技术特点，可以高效地进行受灾定损任务。

通过航拍查勘获取数据、对航拍图片进行后期处理与技术分析，并与实地丈量结果进行比较校正，保险公司可以更为准确地测定实际受灾面积。无人机受灾定损，解决了农业保险赔付中查勘定损难、缺少时效性等问题，大大提高了查勘工作的速度，节约了大量的人力物力，在提高效率的同时，确保了农田赔付查勘的准确性。

第四章

智慧农业生产

第一节　智慧园艺

一、设施园艺概述

（一）设施园艺的概念

设施园艺是指在露地不适于园艺作物生长的季节或地区，利用温室等特定设施，人为创造适于作物生长的环境，根据人们的需求，有计划地生产安全、优质、高产、高效的蔬菜、花卉、水果等园艺产品的一种环境调控农业。

（二）设施园艺的特点

与露地栽培相比，设施园艺具有以下特点。

1. 设施园艺地域性强

应充分利用当地自然资源如发展日光温室，一定要选择冬季晴天多、光照充足的地区，避免盲目性。有些地区有地热（温泉）资源、工业余热等，可以用于温室加温，应充分利用，降低能源成本。

2. 设施园艺投资大

设施园艺中的设施类型多样。各种设施在生产中都能发挥特定的作用，但因其性能不同，各自的作用又有不同，在选用时应根据当地的自然条件、市场需要、资金投入、技术、劳力、栽培季节和栽培目的选择适用的设施进行生产。

设施园艺生产除需要设备投资外，还需加大生产投资。因此，必须在单位面积上获得最高的产量，最优质的产品，提早或延长

（延后）供应期，提高生产率，增加收益，否则对生产不利，影响发展。

3. 需要进行环境调节

园艺作物设施栽培，是在不适宜作物生育季节进行生产，因此设施中的环境条件，如温度、光照、湿度、营养、水分及气体条件等，要靠人工进行创造、调节或控制，以满足园艺作物生长发育的需要。环境调节控制的设备和水平，直接影响园艺产品产量和品质，也就影响着经济效益。

4. 要求较高的管理技术

设施栽培技术要求首先必须了解不同园艺作物在不同的生育阶段对外界环境条件的要求，并掌握保护设施的性能及其变化规律，协调好两者间的关系，创造适宜作物生育的环境条件。设施园艺涉及多学科知识，要求生产者素质高，知识全面；不但懂得生产技术，还要善于经营管理，有市场意识。

5. 生产专业化、规模化和产业化

大型设施园艺一经建成必须进行周年生产，提高设施利用率，而生产专业化、规模化和产业化，才能不断提高生产技术水平和管理水平，从而获得高产、优质、高效。

（三）设施园艺的层次

从设施条件的规模、结构的复杂程度和技术水平划分，设施园艺可分为四个层次。

1. 简易覆盖设施

简易覆盖设施主要包括各种温床、冷床、小拱棚、荫障、荫棚、遮阳覆盖等简易设施，这些农业设施结构简单，建造方便，造价低廉，多为临时性设施。主要用于作物的育苗和矮秆作物的季节性生产。

2. 普通保护设施

通常是指塑料大中拱棚和日光温室，这些保护设施一般每栋在 $200\sim1000m^2$ 之间，结构比较简单，环境调控能力差，栽培作物的产量和效益较不稳定。一般为永久性或半永久性设施，是我国现阶段的主要农业栽培设施，在解决蔬菜周年供应中发挥着重要作用。

3. 现代温室

通常是指能够进行温度、湿度、肥料、水分和气体等环境条件自动控制的大型单栋和连栋温室。这种园艺设施每栋一般在 $1000m^2$ 以上，大的可达 $30000m^2$，用玻璃或硬质塑料板和塑料薄膜等进行覆盖，配备计算机监测和智能化管理系统，可以依据作物生长发育的要求调节环境因子，满足生长要求，能够大幅度提高作物的产量、质量和经济效益。

4. 植物工厂

这是农业栽培设施的最高层次，其管理完全实现了机械化和自动化。作物在大型设施内进行无土栽培和立体种植，所需要的温、湿、光、水、肥、气等均按植物生长的要求进行最优配置，不仅全部采用电脑监测控制，并且采用机器人、机械手进行全封闭的生产管理，实现从播种到收获的流水线作业，完全摆脱了自然条件的束缚。可是，植物工厂建造成本过高，能源消耗过大，目前只有少数投入生产，其余正在研制之中或为宇航等超前研究提供技术储备。

二、智慧园艺生产系统

智慧园艺是指运用物联网、云计算、大数据、人工智能等现代科技手段，结合园艺生产实际情况，对园艺产业链进行智能化、信息化、高效化、安全化的管理和服务。其核心是利用现代科技手段，提高园艺生产效率、降低生产成本、优化资源配置、提高产品质量和竞争力，实现可持续发展。智慧园艺的目标是实现园艺生产的智能化、信息化、高效化、安全化，提高园艺生产效率和产品质量，降低生产成本和资源浪费，促进可持续发展。同时，智慧园艺还可以为消费者提供更加安全、健康、可靠的农产品，促进社会经济发展和人民生活水平的提高。

（一）温室环境自动控制系统

温室又称暖房，是能透光保温（或加温）用来栽培植物的设施，温室生产以达到调节产期，促进生长发育，提高质量和产量为目的，而温室设施的关键技术是环境控制调节温室内的湿度、温度、光照等环境因子，创造出植物生长的最佳环境。温室环境自动控制系统，是实现温室环境因子调节的自动控制和管理系统。该系统通过实时检测温室内土壤和空气湿度、温度、光强等环境参数结合控制算法来优化控制过程，实现温室种植技术的精确化、信息化、数字化、智能化。

温室内存在各种变量参数（如温度湿度等），需要由各种检测装置进行检测，并由各执行机构进行动态调节，以达到改良温室内部小环境提供适宜植物生长的外部条件以及减轻人的劳动强度的目的。发展温室种植，是中国农业走现代化道路的一种有效途径，对提高经济效益，改善农业生态环境具有十分重要的意义。

温室环境自动控制系统利用当前最先进的物联网技术，采用分布式系统架构，对温室内生产环境进行实时监测。系统分三层架构：第一层，温室现场监测控制层。各种传感器均连接到相应的采集控制器上，采集控制器对本温室内空气温度、空气湿度、土壤温度、土壤含水量、光照强度等各种环境参数进行采集，并根据用户设置的控制条件和相应的控制逻辑实现对风机、水帘、遮阳网等执行设备进行智能调控；第二层，总控室群测群控层。采集控制器通过无线方式将采集到的数据传输给总控室内的计算机，计算机上安装温室管理软件，实现对园区内所有温室各环境参数的集中管理，并通过数据列表、趋势曲线等形式显示出来，园区管理员可以在总控制室内实现对所有温室的实时数据、历史数据浏览和控制逻辑的修改等管理工作，主控计算机发出的控制指令也是通过无线方式传送到相应的设备，管理员无须亲临温室现场就可以实现温室环境的轻松管理。此外，总控制室内设置大液晶显示屏，使各温室内的数据和趋势曲线一目了然，方便地实现了"分散采集控制、集中操作管理"和无人值守；第三层，网络远程访问层。系统设计开发了基于 B/S（Brower/Sever）结构即浏览器服务器结构的数据管理级远程综合服务平台，能够对温室内环境数据进行网络发布，任何一台能够上网的计算机都可以通过授权后浏览到本园区的各个温室环境信息，可以大幅度提高温室生产管理水平，降低管理成本，提高生产效率。该系统已经在全国各地的现代设施农业项目中得到广泛应用，技术成熟，系统运行稳定，性价比高，配置灵活，可扩展性好。

（二）水肥管理系统

微灌（滴灌、微喷）等精准灌溉方法的应用给施肥技术带来了极大的变化，并导致了水肥灌溉技术的兴起。利用滴灌系统进行施肥是将可溶解于水的化肥（农药）按设定比例混合在灌溉水中直接滴灌在植物的根部，或利用微喷灌系统在喷洒水时直接进行叶面施肥（施药），迅速、均匀完成大面积施肥（施药），省力、省时、避免浪费。这是一般施肥、施药方法所不具备的，特别是采用地膜覆盖的作物人工追肥十分困难，配置微灌施肥装置是解决这一难题的最佳途径。

向灌溉系统的压力管道内注入可溶性肥料或农药溶液的设备

称为施肥（施药）装置。主要有泵注方式、文丘里式、压差式、水驱动混合注入式等，其中水驱动混合注入式以控制精确、无附加动力等特点应用越来越广泛。自动施肥系统应用主要为无土栽培和经济价值较高的作物栽培应用施肥装置受计算机或小型控制器控制以实现精确施肥。

灌溉施肥控制按复杂程度和投资多少可分为：手动控制、手动延时控制、程控器控制、自动控制等几种方式。

手动控制是指按作物灌溉施肥的需要人工开关灌溉阀门及调节水量和施肥量。常规的管路阀门就可实现控制，是最简单的控制系统，设备投资低、人工管理的劳动强度较大、控制精度低。

手动延时控制是指人工开启灌溉系统的定量阀门进行灌溉施肥，定量阀门会按设定的灌溉量或灌溉时间自动关闭阀门，实现半自动灌溉。这种方法安装使用简便，设备投资不高，可减轻劳动强度准确实现控制精度。

程控器控制是指利用时间控制器、可编程控制器、单板机等制成的小型灌溉控制器，它可以进行简单的灌溉程序编制，并按设定程序向控制执行单元发出控制电信号，启闭灌溉设备水泵、电磁阀等。该系统可以实现闭环自动控制，大大减轻劳动强度，减少管理人员，实现精量灌溉，由于需要配置电磁阀等装备，控制系统投资相对要高。

自动灌溉施肥控制器可以根据农作物种植土壤需水信息利用自动控制技术进行农作物灌溉施肥的适时、适量控制，在灌水的同时，还可以施可溶性肥料或农药。可以将多个控制器与一台装有灌溉控制专家系统软件的计算机（上位机）连接，实现大规模工业化农业生产。

自动灌溉施肥器适用于连片日光温室或连栋温室大棚的灌溉施肥控制。它是一个设计独特、操作简单和模块化的自动灌溉施肥系统，能够按照用户设置的灌溉施肥程序和 EC/pH 实时监控，共享专家控制数据库的丰产优质生产数据，通过自动灌溉施肥控制器实现对灌溉施肥过程的全程控制，保证作物及时、精确的水分和营养供应给作物，使施肥和灌溉一体化进行，大大提高了水肥耦合效应和水肥利用效率。

三、园艺农业机器人

随着电子技术和计算机技术的发展，智能机器人已在众多领域得到了日益广泛的应用。在农业生产中，由于易对植被造成损害、易污染环境等原因，传统的机械通常存在着这样或那样的缺点。为了解决这个问题，国内外都在进行农业机器人的研究，特别是一些发达国家，农业人口较少，劳动力问题突出，对农业机器人的需求更为迫切。同时，农业机器人相对于传统农业机械能够更好地适应生物技术的新发展。

目前，农业机器人在农业领域得到很大进展，其功能已经非常完备。它们能够代替人的部分劳动，有些人类做不到的事情机器人可以做到，而且工作效率非常高。它们可以从事在艰苦条件下的重体力劳动、单调重复的工作，如喷洒农药、收割及分选作物等有望由多农业机器人系统完成，以解放出大量的人力资源。机器人正在或已经替代人的繁重体力劳动，可以连续不间断地工作，极大地提高了劳动生产率，是农业智能化不可缺少的重要环节。目前常用的农业机器人有：育苗机器人、采摘机器人、蔬果分级拣选机器人、畜产机器人等。

（一）育苗机器人

育苗工作包含播种、育苗、间苗、接枝、插枝等作业。育苗机器人的一个工作是定点搬运，对大多数育苗工作者来说，定点搬运的工作费时费力、单调乏味，而人们借助育苗机器人来解决这一问题，不仅可以提高工作效率，还能替代价格日益增高的劳动力，为育苗企业节约生产成本。育苗机器人定点搬运的过程很简单，即先为育苗机器人设定参数，然后育苗机器人会自动感应盆栽位置，最后育苗机器人利用导航系统将盆栽移动到目的地。

（二）采摘机器人

采摘机器人（图 4-1）主要用于帮助人们快速、准确地采摘农作物（如水果、蔬菜、茶叶、食用菌等），提高采摘效率和准确性。采摘机器人通常由机械手、行走机构、液压驱动系统和单片机控制系统组成。其中机械手是采摘机器人的核心部件，它具有模仿人类手指的功能，可以抓取和采摘农作物。行走机构可以使机器人移动到不同的位置进行采摘。液压驱动系统可以为机械手提供动力，使其能够准确地移动和操作。单片机控制系统则是机器人的大脑，它能够控制机器人的各种动作和操作。

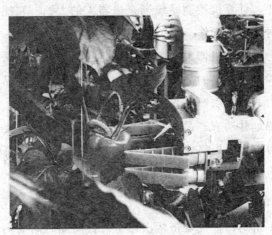

图 4-1　采摘机器人

采摘机器人通过计算机程序控制机械手进行采摘。操作员可以根据需要将采摘机器人的程序设置为特定的模式，使其能够自动跟踪、识别和采摘农作物。一般来说，采摘机器人会使用传感器来检测农作物的位置和大小，并使用机械臂将农作物从植物上摘下。

采摘机器人的出现大大提高了采摘效率和质量，减轻了农民的工作强度，特别是在一些需要攀爬、搬运或者进行高强度劳作的情况下。此外，由于其可以在较为危险的区域进行工作，因此也可以有效避免工人在高处或者危险环境中进行采摘所带来的风险。

（三）蔬果分级拣选机器人

蔬果分级拣选机器人主要用于在农产品加工过程中进行自动分拣和分类。蔬果分级拣选机器人通常由机械手、传送带、传感器和计算机控制系统组成。其中机械手是机器人的核心部件，它具有模仿人类手指的功能，可以抓取和移动农产品。传送带用于将农产品输送到机器人的工作区域，传感器则用于检测农产品的品质和大小，计算机控制系统则是机器人的大脑，它能够控制机器人的各种动作和操作。

蔬果分级拣选机器人的工作原理是：蔬果分级拣选机器人通过传感器检测农产品的品质和大小，然后根据预设的品质标准和等级分类方式，将农产品自动分为不同的等级和类别。机械手可以快速准确地移动农产品，将其放置到相应的等级或类别中。这种机器人可以大大提高农产品分拣的效率和准确性，降低分拣成本，减少人工干预。

（四）畜产机器人

为奶牛挤奶，一天要挤两次以上，且间隔时间要均等，而且挤奶工作除了耗费劳力之外，劳动环境也很严酷。因此，挤奶机器人相当普及。挤奶机器人有两种：自由栏式牛舍专用（放养式）以及拴养式牛舍专用。前者根据场所不同又分为挤奶室型与包厢型。不管哪一种，一般的程序是先洗净擦干乳房，之后再利用激光、超声波、光遮断传感器等找出四个乳头的位置，再给机械臂套上挤奶杯挤奶。

剪羊毛的时候需要控制住羊，这会耗费大量的劳力并需要熟练的技术。剪羊毛机器人的目的是节省这些成本及劳动力。这类机器人的工作原理是，事先将羊的体型输入计算机，再使用机器视觉系统辨识羊，之后用多关节机械手臂操纵羊毛剪来执行剪羊毛作业。该机器人有两种类型，其中的一种较为实用化，可以凭借两支机械手臂执行作业，花费的时间仅为人类的五分之一（1.5min）左右。然而因为在腹部羊毛的剪取以及成本上存在问题，目前尚未大规模普及。

第二节　智慧大田种植

一、智慧大田种植概述

大田种植是指在规模较大的田地上种植作物。种植的作物既可以是小麦、水稻、玉米等粮食作物，也可以是棉花、牧草等常见的经济作物。大田种植业的特色是种植区域面积广阔，以连片的平原为主，地势十分平坦，适合大规模的机械化作业，但是种植区域内气候复杂多变。大田种植业主要区域在东北、西北、华北和长江中下游等地区。

智慧大田种植是现代信息技术及物联网技术在产前农田资源管理，产中农情监测和精准农业作业中应用的过程。其主要包括以土地利用现状数据库为基础，应用3S技术快速准确掌握基本农田利用现状及变化情况的基本农田保护管理信息系统；自动检测农作物需水量，对灌溉的时间和水量进行控制，智能利用水资源的农田智能灌溉系统；实时观测土壤墒情，进行预测预警和远程控制，为大田农作物生长提供合适水环境的土壤墒情监测系统；采用测土配方技术，结合 3S 技术和专家系统技术，根据作物需肥规律、土壤供肥性能和肥料效应，测算肥料的施用数量、施肥时期和施用方法的测土配方施肥系统；采集、传输、分析和处理农田各类气象因子，远程控制和调节农田小气候的农田气象监测系统等。

二、智慧大田种植系统

（一）墒情监控系统

墒情监控系统建设主要含三大部分。一是建设墒情综合监测系统，建设大田墒情综合监测站，利用传感技术实时观测土壤水分、温度、地下水位、地下水质、作物长势、农田气象信息，并汇聚到信息服务中心，信息中心对各种信息进行分析处理，提供预测预警信息服务；二是灌溉控制系统，主要是利用智能控制技术，结合墒情监测的信息，对灌溉机井、渠系闸门等设备的远程控制和用水量的计量，提高灌溉自动化水平；三是构建大田种植墒情和用水管理信息服务系统，为大田农作物生长提供合适的水环境，在保障粮食产量的前提下节约水资源。系统包括：智能感知平台、无线传输平台、运维管理平台和应用平台。

墒情监控系统针对农业大田种植分布广、监测点多、布线和供电困难等特点，利用物联网技术，采用高精度土壤温湿度传感器和智能气象站，远程在线采集土壤墒情、气象信息，实现墒情（旱情）自动预报、灌溉用水量智能决策、远程/自动控制灌溉设备等功能。该系统根据不同地域的土壤类型、灌溉水源、灌溉方式、种植作物等划分不同类型区，在不同类型区内选择代表性的地块，建设具有土壤含水量，地下水位，降水量等信息自动采集、传输功能的监测点。

通过灌溉预报软件结合信息实时监测系统，获得作物最佳灌溉时间、灌溉水量及需采取的节水措施为主要内容的灌溉预报结果，定期向群众发布，科学指导农民实时实量灌溉，达到节水目的。

该设备可实现对灌区管道输配水压力、流量均衡及调节技术，实现灌区管道输配水关键调控设备（设施），并完成监测。

（二）农田环境监测系统

农田环境监测系统主要实现土壤、微气象和水质等信息自动监测和远程传输。其中，农田生态环境传感器符合大田种植业专业传感器标准，信息传输依据大田种植业物联网传输标准，根据监测参数的集中程度，可以分别建设单一功能的农田墒情监测标准站、农田小气候监测站和水文水质监测标准站，也可以建设规格更高的农田生态环境综合监测站，同时采集土壤、气象和水质参数。监测站采用低功耗、一体化设计，利用太阳能供电，具有良好的农田环境耐受性和一定防盗性。

基于大田种植物联网中心基础平台，遵循物联网服务标准，开发专业农田生态环境监测应用软件，给种植户、农机服务人员、灌溉调度人员和政府领导等不同用户，提供互联网和移动互联网的访问和交互方式。实现天气预报式的农田环境信息预报服务和环境在线监管与评价。

（三）施肥管理测土配方系统

施肥管理测土配方系统是指建立在测土配方技术的基础上，以3S技术（RS、GIS、GPS）和专家系统技术为核心，以土壤测试和肥料田间试验为基础，根据作物需肥规律、土壤供肥性能和肥料效应，在合理施用有机肥料的基础上，提出氮、磷、钾及中、微量元素等肥料的施用数量、施肥时期和施用方法的系统。测土配方系统的成果主要应用于耕地地力评价和施肥管理两个方面。

1. 地力评价与农田养分管理

地力评价与农田养分管理是利用测土配方施肥项目的成果对土壤的肥力进行评估，利用地理信息系统平台和耕地资源基础数据库，应用耕地地力指数模型，建立县域耕地地力评价系统，为不同尺度的耕地资源管理、农业结构调整、养分资源综合管理和测土配方施肥指导服务。

2. 施肥推荐系统

施肥推荐系统是测土配方的目的，借助地理信息系统平台，利用建立的数据库与施肥模型库，建立配方施肥决策系统，为科学施肥提供决策依据。

地理信息系统与决策支持系统的结合，形成空间决策支持系统，解决了传统的配方施肥决策系统的空间决策问题，以及可视化问题。目前 GIS 与虚拟现实技术（虚拟地理环境）的结合，提高了 GIS 图形显示的真实感和对图形的可操作性，进一步推进了测土配方施肥的应用。

利用信息技术开发计算机推荐施肥系统、农田监测系统被证明是推广农田种植信息化的有效技术措施。根据以往研究的经验，应着重系统属性数据库管理的标准化研究，建立数据库规范与标准。加强农业信息的可视化管理，以此来实现任意区域信息技术的推广应用。

（四）精细作业系统

精准作业系统主要包括变量施肥播种系统、变量施药系统、变量收获系统、变量灌溉系统。

自动变量施肥播种系统就是按土壤养分分布配方施肥，保证变量施肥机在作业过程中根据田间的给定作业处方图，实时完成施肥和播种量的调整功能，提高动态作业的可靠性以及田间作业的自动化水平。采用基于调节排肥和排种口开度的控制方法，结合机、电、液联合控制技术进行变量施肥与播种。

基于杂草自动识别技术的变量施约系统利用光反射传感器辨别土壤、作物和杂草。利用反射光波的差别，鉴别缺乏营养或感染病虫害的作物叶子进而实施变量作业。一种是利用杂草检测传感器，随时采集田间杂草信息，通过变量喷洒设备的控制系统，控制除草剂的喷施量；另一种是事先用杂草传感器绘制出田间杂草斑块分布图，然后综合处理方案，绘出杂草斑块处理电子地图，由电子地图输出处方，通过变量喷药机械实施。

变量收获系统利用传统联合收割机的粮食传输特点，采用螺旋推进称重式装置组成联合收割机产量流量传感计量方法，实时测量田间粮食产量分布信息，绘制粮食产量分布图，统计收获粮食总产量。基于地理信息系统支持的联合收割机粮食产量分布管理软件，可实时在地图上绘制产量图和联合收割机运行轨迹图。

变量精准灌溉系统根据农作物需水情况，通过管道系统和安装在末级管道上的灌水装置（包括喷头、滴头、微喷头等），将水及作物生长所需的养分以适合的流量均匀、准确地直接输送到作物根部附近土壤表面和土层中，以实现科学节水的灌溉方法。将灌溉节水技术、农作物栽培技术及节水灌溉工程的运行管理技术有机结合，通过计算机通用化和模块化的设计程序，构筑供水流量、压力、土壤水分。作物生长信息、气象资料的自动监测控制系统．能够进行水、土环境因子的模拟优化，实现灌溉节水、作物生理、土壤湿度等技术控制指标的逼近控制，将自动控制与灌溉系统有机结合起来，使灌溉系统在无人干预的情况下自动进行灌溉控制。

三、大田种植智能化设备

(一) 激光平地机

早在 20 世纪 80 年代中期，农业激光平地系统就已经开始广泛应用。该系统可用于整平土地，以便于灌溉，减少水土流失，增加土地产出率。

激光平地机 (图 4-2) 主要由激光发射器、激光接收器、控制器和液压执行机构组成。其工作原理是：激光发射器发出一定直径的基准圆平面 (也可以提供基准坡度)，装在刮土铲支撑杆上的激光接收器将采集的信号经控制器处理后控制液压执行机构，液压执行机构按要求控制刮土铲上下动作，即可完成土地平整作业。

图 4-2　激光平地机

激光平地技术是一项应用于农业中的高新技术。用激光平地技术设备平整稻田，具有地平、省地、节水、增产等作用。激光平地技术设备由发射器、接收器、控制箱、液压阀和平地铲等组成，可在直径 600m 范围内平整土地，平地后的土地高低差在 1cm 范围内，可达到"寸水不露泥，灌水棵棵到，排水处处干"的效果，可使水稻在各生长期获得最佳水层。使用该技术可减少池埂用地 2%～3%，省水 30%，增产 10%。

（二）除草机器人

除草机器人（图 4-3）主要利用三大技术，通过对农田精准喷洒除草剂，实现了为农田除草的目的。第一种技术是 GPS 全球定位技术，在农业工人的带领下，除草机器人首先会对需要除草的地段进行巡视，巡视时，除草机器人会利用自身装载的 GPS 全球定位系统对杂草多的地段进行定位；第二大技术是计算机技术，在巡视勘测好杂草地段的信息后，除草机器人会在农业工人的协助下将所得的数据录入计算机，然后再将处理好的数据录入拖拉机上的计算机中，以确定拖拉机携带机器人进行农药喷洒的行驶路线；第三种技术是拖拉机综合技术，除草机器人在正式工作时，会被搭载在拖拉机上，在拖拉机进入田间进行耕作的过程中，除草机器人会根据数据内容比对定位耕作行程，并在杂草多的地段开启除草剂喷洒装置，进行定点除草剂喷洒。

图 4-3 除草机器人

（三）采收智能作业机械装备

大田作物的整个生产过程涉及土壤耕作、播种或栽植、田间管理（除草、施肥、灌溉、病虫害防治等）、收获与储藏等不同农业生产工艺过程。由于大田作物生长的季节性特点，每个农业生产工艺过程的实施不仅需要一定数量适用的农业机器和技术合格的操作者，而且必须按照大田作物生产的要求并结合自然条件去合理组织生产，才能保证及时完成任务，取得较好的技术经济效益。这些合格的操作者、适用的农业机器与作业对象（如土壤、种子、农作物等）、作业所处的自然环境按一定方式组织协调起来，共同构成了大田作物机械化作业系统。

实现农机具智能化是农业生产发展的必然要求和趋势，最后实现机械化收获、运输、储存智能化。大田作物机械化收运过程（图4-4）包括机组作业前准备和机组作业过程两个不同阶段。机组作业前准备包括作物收获工艺方案规划与选择、机组准备、田间准备、作业计划制订与调度等。其中，机组准备包括机组选择或编组、机组检修调整与保养；田间准备包括机组作业路径选择和田间清理等。收获机组和运输机组涉及机组负荷考查与编配、机组开始工作时的检查调整、收获运输是否正常作业、技术保养及作业质量检查与安全等工作。

图4-4　大田作物机械化收运

第三节　智慧畜牧养殖

智慧畜牧养殖主要是指利用环境监测系统、精细饲养系统、疾病监控系统、畜禽生鲜产品流通系统、粪便清理与消纳系统等实现畜禽养殖的数字化、自动化、智能化的管理。

一、环境监控系统

物联网养殖环境监控系统通常包括三个主要模块：①信息采集模块，完成对畜（禽）舍环境中二氧化碳、氨氮、温度和湿度等信号的自动检测、传输和接收。②智能调控模块，完成对畜（禽）舍环境的远程自动控制。③管理平台模块，完成对信号数据的存储、分析和管理，设置环境阈值，并做出智能分析与预警。

物联网养殖环境监控系统的组成如下：

1. 有害气体检测设备

该设备安装了对某些有害气体敏感的仪表和热敏仪，根据室内有害气体和舍内温度高低自动通风。当养殖场内空气污浊，有害气体含量超标时，将对畜禽的生长发育产生很大危害。

2. 光照强度和时间的控制

光照强度与时间是畜禽养殖中必须重视的问题。光照的目的是延长畜禽的采食时间，促进生长。然而如果光照时间过长，会导致畜禽死亡。以养鸡为例，出生 1～7 天的小鸡光照要强，有利于帮助雏鸡熟悉环境，充分采食和饮水；从第 8 天开始，光照应越来越弱，因为强光照对肉鸡有害，阻碍生长，弱光则可使鸡群安静，有利于生长发育。光照强度传感和控制技术，可以轻松满足这种需求。

3. 加热降温设备

专用暖气设施包括锅炉、地暖管、暖气片、鼓风炉等。降温设施包括水帘、喷雾装置、冷气机等。通过冬季增温、夏季降温，可使养殖室内温度保持在畜禽生长繁殖的适宜温度范围，为畜禽创造舒适的环境，从而提高生产效率。

4. 通风系统

传统养殖场只是利用门窗自然通风，这种通风方式的缺点是夏天过热，冬天过冷，严重影响畜禽的繁殖和生长发育。近年的现代化猪场采用联合通风系统，全自动控制，夏季采用湿帘加风机的纵向通风措施，降低高温对畜禽的影响，冬季采用横向通风措施，保证养殖室内温度的同时保证了最低通风量，猪舍气候调控的现代化极大地促进了我国养猪业的发展。

5. 分娩室的畜禽空调

解决传统加热与通风换气之间矛盾的方法是使用畜禽空调。畜禽空调与电空调不同，它一般由高效多回程无压锅炉、水泵、冷热温度交换器、空调机箱、送风管道和自动控制箱六大部件组成。因正压通风，所以可给舍内补充 30%～100% 的新鲜空气，且所送进的空气都经过过滤，降低了舍内空气的污浊度。夏季该设备输入地下水作为冷源进行降温，节省了设备的投资。畜禽空调具有降温、换气和增加空气中的含氧量等功能，特别适合空间不大的单元式分娩舍和保育舍使用，成本低、又环保。

二、精细饲养系统

精细饲养系统是一种基于信息技术的智能化养殖管理系统，该系统采用大数据分析和人工智能等技术手段，实现养殖环境和动物行为等数据的实时监测、分析和预测，从而通过科学决策，提高养殖效益，降低生产成本，保证养殖质量，达到可持续发展的目的。

精细饲养主要体现在如下方面：

1. 唯一身份标识

每头畜禽佩带一个电子耳标（或脚标），标签上有畜禽个体的电子"身份证"，包括出生日期、发情周期、妊娠周期、产奶（蛋）开始日期、已经产奶（蛋）天数，产奶（蛋）量，产奶（蛋）速度、体温、用药记录、免疫情况等信息，全部记录到"身份证"中。

2. 自动化喂料和饮水

喂料设施包括储料塔、自动料线、全自动、半自动料筒等。饮水设备包括鸭嘴式饮水器，以及饮水自动加热设备。旧式畜禽场喂料手工或半自动化，喂水用水槽，易污染，不卫生且工人劳动量大。

3. 精细差别化投喂

根据不同畜禽的生长模型，结合畜禽个体的体重和月龄等情况，计算该个体的日进食量，分时分量自动投喂，当发生异常情况时自动报警。

4. 畜禽个体管理

在喂养场、检疫站、分娩室、挤奶场等大门处设置 RFID 扫描设备，当畜禽进入该扫描设备的扫描范围时，通过耳标等识别系统实现家畜个体的自动识别，并记录与进食有关数据。对繁育期母猪，配置发情监测设备。对产奶期奶牛，配置 RFID 标签等装备，自动记录并分析其奶量变化。

5. 繁殖育种管理

利用试情公畜探测到发情母畜，用怀孕检测仪检查母畜是否妊娠怀孕，通过电脑记录准确判断母畜怀孕后何时进入产房，以便于繁育管理。通过精细饲养系统，饲养人员可以进行公畜繁殖状态查询、母畜繁殖记录浏览、公畜近交评估、母畜近交评估、系谱查询、计算全体近交系数、公畜资料卡、母畜资料卡等，更重要的是可以随时产生每头在群母畜的资料卡，决定母畜的最佳淘汰时间。

三、疾病监控系统

疾病监控系统是指利用先进的技术实施持续监测，并根据监测结果做出利于提高牲畜健康状况的决策，主要体现在如下方面：

1. 疾病诊断

疾病诊断知识库，可帮助兽医对畜禽疾病进行诊断。疫情预警知识库，可根据当前本地疫情和气候等因素，对动物疫情做出辅助性预警。采用 5G 等无线网络技术，实现网上诊断决策系统和远程会诊。

2. 日常身体健康检查

通过体温、体重传感器等检测设备，每天检查每头畜禽的身体健康状况，将每头畜禽所测得的体温、体重无线传送到总监控中心。对于体温、体重异常的畜禽，发出预警信号，以便饲养员及时检查其身体情况，采取治疗措施。

3. 标识情况特殊的畜禽

需要特别注意的畜禽，做出不同的标识。比如产奶速度比较慢的奶牛以红色标识，以便饲养员可以先让这些奶牛先产奶；对于刚刚开始产奶的奶牛，可以以黄色标注，以便饲养员对它们的情况进行关注；对于生病期间的奶牛，以绿色标注，以方便饲养员丢弃它们所产的奶，并向奶牛乳头喷洒防感染药，对病牛使用过的设备进行消毒。

4. 畜禽防疫

出入畜禽场有专用消毒通道，建立科学合理的防疫制度和畜禽群免疫程序，针对不同的疾病和疫苗提示各类畜禽在不同阶段的免疫种类和免疫时间，严格按照程序进行畜禽群免疫。配备专门兽医技术人员和疫病防控设施，用生物试剂盒有效进行抗体检测和疫病诊断，对畜禽群免疫状况实行定期而有效的监控，对发病畜禽只实行及时而有效的诊断治疗。

5. 分娩前护理

分娩期大多只注重新生犊的护理，忽略了母体的管理，从而影响了母体的生殖机能、产奶性能。基于 RFID 技术对畜禽属性进行识别后，可以根据授精日期，对临产的畜禽进行必要的产前护理，如用消毒药水清洗后臀、外阴和乳房等，及时调整产后饲料配比，从而提高母体的生理健康。

四、畜禽生鲜产品流通系统

畜禽生鲜产品流通是指使鸡、鸭、猪、牛、羊等畜禽生鲜产品从产地活体装箱（或屠宰）后，在产品加工、贮藏、运输、分销、零售等环节始终处于适宜的温度控制环境下，最大限度地保证产品品质和质量安全、减少死亡、防止变质、杜绝污染的过程。

屠宰后的生鲜产品，要求始终处于较低的温度环境，如果温度控制不好，很容易发生变质。但是由于传统运输配送过程的封闭性，如果发生变质事故，很难鉴定究竟是何时何地温度发生了变化，究竟是某一环节出现的问题，还是整个流通配送冷藏系统的持续性故障，导致很难判断造成事故的责任人是谁。这些问题的解决就需要一个能够持续记录物品温度并将此温度数据便捷存储和发送到后台管理系统的技术。

利用物联网技术，畜禽生鲜产品在流通过程中，设备自动对产品的温度进行实时记录、预警、控制，确保畜禽生鲜产品储存或运输过程中的温度需求，也可以帮助、辨识可能由温度变化引发的质量变化及具体发生时间，有助于质量事故的责任认定。

畜禽生鲜产品流通的核心环节是仓储和运输。在仓储库内和冷藏车厢内，根据需要布置多个传感器网络节点，在车厢顶部布置有路由器，节点上的温度传感器采集的实时温度数据，通过GPRS 等无线网络传送到远程的控制中心。从而 24 小时全程监控在仓储和运输过程中，畜禽生鲜产品的实际环境温度是否与所需的环境温度相一致。

畜禽生鲜产品流通系统（图 4-5）在流通信息实时记录管理方面，规范、记录和管理了畜禽生鲜产品在流通过程中涉及质量安全的数据，对可能造成变质的环境因素给出预警，为质量事故的责任认定提供了依据。畜禽生鲜产品流通系统在追溯信息管理方面，对可追溯畜禽生鲜产品实现从产地到餐桌的全程信息管理和可追溯。

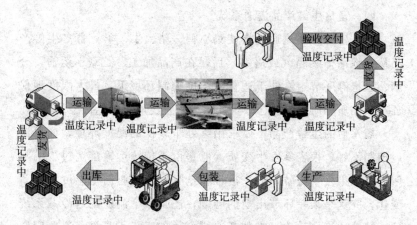

图 4-5 畜禽生鲜产品流通系统

五、粪便清理与消纳系统

粪便清理与消纳系统（图 4-6）主要由信息采集、粪便清理、空气净化三部分组成。在养殖场内布置多个温度、湿度、氨等传感器网络节点，实时将养殖场的温度、湿度、氨等变化情况反馈到控制中心，当超过粪便清理的预设值时，系统自动启动（或者人工授权启动）粪便清理机，对养殖场内的粪便进行自动收集，同时对养殖场内的空气进行净化和通气。目前，粪便清理系统多应用于鸡、鸽等禽类养殖场中。

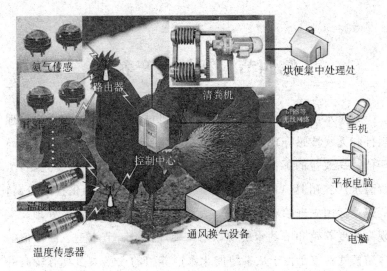

图 4-6 粪便清理与消纳系统

粪污的消纳能力是当前环境保护首先应当考虑的，有效消纳粪污成为现代化畜禽场的显著标志之一。绿色果蔬种植业的蓬勃兴起，菜农为生产出无公害的绿色果蔬，大量使用有机肥。鸡粪以其肥效高、能活化土壤、提高地温等显著特点，备受菜农的喜爱。由于施用鸡粪有机肥，土壤会变得越来越松软，农作物长势好，农产品口感更是特别好。如今，鸡粪已成为生产绿色无公害农产品的首选肥料，并且还可以深加工制成其他产品。

畜禽粪发酵后，产生的沼气可用于畜禽场食堂、发电和燃气锅炉；沼渣沼液用于菜园、果园和农田，或制作成有机肥或生产专用肥料；污水经处理后可以用于畜禽场清洗，上述措施可大大节约畜禽场用水量并减少养畜禽对环境的污染。

许多新建场除拥有畜禽场外，还有自己的大片农田、果园林地、鱼塘。进行鸡－沼－猪，猪－沼－果，猪－沼－菜，猪－沼－林，猪－沼－蚯蚓、黄粉虫、名特水产，猪－沼－鱼等养殖方式，搞循环生态养殖。

第四节　智慧水产养殖

智慧水产养殖是指将工程技术、机械设备、监控仪表、管理软件和无线传感等现代技术手段用于水产生产，实现高密度、高产值、高效益的标准化养殖模式。与传统粗放型养殖模式相比，智慧水产养殖具有明显的优势。一是机械化、自动化程度较高，能迅速运用先进的养殖技术；二是通过循环用水和污水处理，实现高密度养殖和节约水资源，是一种环保型、节水型、高产值的养殖模式；三是由于从事智能化水产养殖的人员大多具有较高的科技、文化素质，因此智能化水产业的生产效率高，企业的经营管理水平也较高，对促进我国水产业产业结构调整和技术进步发挥更大的作用。

一、智慧鱼塘

水产养殖业生产中需要注意很多的参数，在传统的养殖鱼塘中，增氧机总是一直开着，水中的温度、pH 值、光照强度等不太好掌控，需要 24 小时看管。随着物联网技术的发展，智能化鱼塘养殖监控技术出现了。综合利用传感技术、信息传输技术和计算机自动化控制技术来应对渔业养殖。

（一）水中参数系统

溶解氧是鱼生长中最重要的一个因素，关乎鱼的生存。养殖中缺氧会影响其生长速度，使饵料系数提高、生产成本增加，因而对溶解氧的监测尤为重要。水温会直接影响鱼类的生存与代谢，新陈代谢和体温的变化直接影响鱼类的摄食和生长。水温也会影响水中溶解氧的含量，水温越高，溶解氧的含量越低；水温越低，溶解氧的含量越高，温度会间接影响鱼类的生存。水的酸碱度对鱼的生长、发育和繁殖等有着直接或间接的影响，如果 pH 值过高或过低，不仅会引起水中一些化学物质的含量发生变化，甚至会使化学物质转变成有毒物质，对鱼类的生长和浮游生物的繁殖不利，而且还会抑制光合作用，影响水中的溶氧状况，妨碍鱼类呼吸。

通过水质监测设备（图 4-7）检测这些参数的数值，通过上位机上传到数据采集器，采集器通过 GPRS 无线通信将其发送到服务器，通过预测算法，分析预测各种参数下一个状态的变化，提前对各个数值的下一个状态进行分析。溶解氧数据反馈到增氧机上，通过自动控制技术掌握增氧机的开关。pH 值数据反馈到碱料罐，可向池塘中抽放一定的碱性水。温度数据反馈到养殖户，水温低时，可以根据本地的经纬度及气候资料，建设采光、通风效果都较好的越冬棚。有条件者可以将棚内地面铺成黑色并在夜间加盖保温帘。可以利用多种热源为养殖水升温，如采用温泉水、工厂余热、锅炉加热等方式。水温高时，可以通过定期加注深井地下水降温。工厂化养殖车间可以用遮阳帘减少阳光直射，同时也可加深井地下水降温。

图 4-7　水质监测设备

（二）自动投喂系统

传统水产饲养的投料方式主要是人工抛洒，在池塘养殖中，这种方式会耗费大量人力物力，并且会因投喂量不足或过多对鱼的生长产生影响。通过动物表型技术，观察鱼的行为，判断鱼是否需要进食。发现鱼需要进食时，计算机系统控制自动投喂机，按照鱼塘的面积进行适量的投喂。当鱼的表型产生其他情况，判断鱼不需要进食时，则关闭投喂系统。

在生产过程中，智慧鱼塘采用物联网技术、信息化技术与自动控制技术。采集的数据比人为观察更加准确，数据的监测方面也较人为观察更加准确，控制更加精确，能够提高鱼的产量并降低鱼生长的成本。

二、智慧网箱

海水网箱是指可以在海水水域使用的水产养殖网箱，是近几十年来迅速发展的养殖设备，它具有投资少、产量高、可机动、见效快等特点。智慧网箱是指运用先进的水产养殖物联网技术和智能化渔业装备，在饲料投放、海水养殖环境监测、鱼群监控和智能捕捞等方面进行远程操作和精准控制，实现智能化海水网箱养殖（图 4-8）。

图 4-8 智能化海水网箱养殖

智慧网箱养殖环境监测系统运用先进的农业物联网技术，采用具有自识别功能的监测传感器，对水质、水环境信息（温度、光照、余氯、pH 值、溶解氧、浊度、盐度、氨氮含量等）进行实时采集，实时监测养殖环境信息，预警异常情况，及时采取措施，降低损失。该系统包括多元环境监测传感器、痕量金属传感器等，组成多元环境监测系统。该系统分为硬件、软件、监控显示三大部分，硬件主要由主控机、环境数据采集器、水质检测集中器、监控摄像头、供电系统等部分组成；软件主要由后台服务器、微信端、手机 App 应用等部分组成；监控显示由硬件数据、软件数据组成。

（一）水下可视化监控系统

物联网远程监控系统由养殖区域的水下机器人、在线水质监测等智能终端采集水质参数、视频等信息，并上传至陆地中控室服务器。陆地中控室服务器将收到的信息发送至用户手机、个人计算机等智能终端。用户通过终端观看视频及水质参数，根据养殖需要发送增氧、投饵等控制指令到陆地中控室，由中控室给布置在养殖区的设备发送指令，实现远程智能控制。

（二）自动投饵系统

采用水上机器人平台，结合智能网箱后台大数据分析和网箱水下可视化监控系统，组成自动投料系统；深水网箱养殖远程多路自动投饵系统由投饵机组、自动控制系统、多路饲料配送系统、饲料喷投系统、能源供给系统组成，可以实现手动、自动、远程3种控制模式，将大幅节约生产及管理成本；整机采用高防腐材料制作，适合开放式海洋工况作业。

该系统可解决科学规划饲料投放时间和投放量，降低养殖成本，实现科学养鱼。

（三）海域动态/海洋天气

近海雷达立体监测系统包括雷达、光电设备、AIS等，深度融合雷达、AIS、北斗、渔港监控等信息。结合智能网箱后台数据库和海洋气象台数据，组成海洋/海水环境监测预警系统。

该系统可监测高压气旋、洋流等环境信息，并评估对养殖区域可能造成的影响，从而对养殖海域环境变化、赤潮等异常情况做到提前预警。

三、智慧陆基工厂

智慧陆基工厂是指集中了相当多的设施、设备，拥有多种技术手段，重点应用物联网系统，使水产品处于一个相对被控制的生活环境中，处在较高强度的生产状态下的渔业生产基地。工厂化养殖是集约化养殖理念的主要呈现形式，主要分为陆基和海基两种适度集约化养殖模式，其中陆基工厂化养殖又包括集约化流水养殖和循环水养殖。循环水养殖具有养殖设施、设备先进，管理高效，养殖环境可控，养殖生产不受地域空间限制，养殖产量高，可保障产品质量安全和均衡上市，以及社会、经济和生态效益良好等特点，被国际上公认为是现代渔业养殖的主要发展方向。应用物联网系统实现养殖自动化，采用无线传感技术、网络化管理等先进管理方法对养殖环境、水质、鱼类生长状况、药物使用、废水处理等进行全方位的管理、监测，具有数据实时采集及分析、生产基地远程监控等功能，在保证质量的基础上大大提高了产量。

（一）养殖场环境监测

1. 温度监测

温度是影响水产养殖的重要物理因子之一。水温不仅影响水质状况，还影响水产生物的生长发育。通过水温的观测实验，不同水产品对水温有着不同的适应性，在适宜的温度范围内，水温越高，水产生物摄食量越大，生长速度就越快。再通过计算机计算，即可推断某个品种从育苗到商品上市所需的时间，可提前做好上市准备，及早抓住产品商机。水温的高低也直接决定受精卵的孵化时间，在适宜的温度范围内，水温越高，孵化的时间越短。以上数据表明，水温是影响水产养殖产量和品质的重要因素。大部分养殖场使用人工测温，数据的准确性和监控力度都难以保证。物联网在线温度传感器可 24 小时全天候监测养殖水体温度，采集温度包括进水口温度、池内温度、养殖场空气温度。可根据不同季节、养殖品种、养殖密度等信息进行系统报警值设定，当温度超出设定值时，系统报警，自动打开现场声光报警器，通过手机短信形式给管理员发送报警信息；同时，计算机监测界面会弹出报警信息，方便值班人员及时发现。自动控制系统自动打开温控设备，当温度参数恢复到标准值后，温控设备自动关闭。

2. 光照度监测

光照的时间长短和强弱会影响养殖对象的繁殖周期和体表颜色，而繁殖周期决定产量，体表颜色决定水产品品质。采用室内型光照度传感器，系统可根据不同季节、养殖品种、天气情况等信息自动计算养殖对象所需光照强度、光照时间，从而判断天窗开启时间、是否需要人工光照等。

(二) 养殖场水质监测

1. 溶解氧监测

溶解氧含量高可以增进水产生物的食欲，提高饲料利用率，加快水产生物的生长发育；同时，改良水质也离不开溶解氧，这也是维持氮循环的关键因素。利用高精度溶解氧探头实时采集水体中溶解氧的含量，当水体溶氧量过低或遇到大雨空气压力增加时，可根据采集的含氧值高低自动打开增氧泵，及时增氧减少因缺氧导致的死亡。

2. pH 值监测

pH 值过低，酸性水体容易致使鱼类感染寄生虫病，如纤毛虫病、鞭毛虫病等；水体中磷酸盐的溶解度也会受到影响，有机物分解减慢，天然饵料的繁殖减慢；同时，还会导致鱼鳃受到腐蚀，鱼血液酸性增强，其利用氧的能力降低，尽管水体中的含氧量较高，也会导致鱼体缺氧浮头，鱼的活动力减弱，对饵料的摄食大大减少，影响鱼类的正常生长。pH 值过高会增大氨的毒性，同时腐蚀鱼类鳃部组织，引起鱼类大批死亡。通常 pH 值是通过试纸等简易仪器现场分析的，不仅麻烦，而且不易发现 pH 值的变动，造成的损害往往比低温、缺氧更大。安装 pH 值检测探头，监测水体 pH 值，pH 值异常时，系统自动打开进出水口电磁阀进行换水，保证水生生物生长在恒定 pH 值环境内。

3. 氨氮含量监测

水体内的氨氮主要来源于水生生物的排泄物、施加的肥料，另外，残饵被微生物分解后会成为氨基酸，再进一步分解为氨氮。

同时，水体氧气不足时，水体发生反硝化反应也会产生氨氮。通过放养光合细菌，细菌进行硝化作用可降低水体氨氮含量，同时，采用生物传感器监测光合细菌浓度，从而判断水体氨氮含量。

（三）智能化控制系统

1. 给排水控制

传统养殖模式中，鱼池换水全部由人工完成，费时、费力。而智能化控制系统可根据水质需要自动换水，管理员也可以根据系统提供的实时参数来判断养殖池是否需要换水，并通过远程控制系统进行换水。

2. 增氧泵控制

一般养殖场养殖珍贵鱼种时都是 24 小时长时间供氧，这样养殖池内虽然不会出现缺氧现象，却造成了能源的浪费。而智能化控制系统可根据水生生物实际需求开启和关闭增氧泵，在保证水生生物健康生长的同时也节约了能源。

3. 温度控制

温度过高和过低都会影响水生生物的生长状况，为了保证养殖场水温恒定，可在进水口建立水温缓冲池，通过与系统对接的温控设备调节水温，之后再将缓冲池内的恒温水送入养殖池内。当养殖池温度过高时，系统自动打开进/出水口，更换池水，达到降温的目的。

四、智慧鱼菜共生

鱼菜共生混合养殖物联网以工厂化水产养殖的循环水技术为纽带，基于精准的物联网测控工艺，将水产养殖与水耕栽培过程无缝衔接，实现动植物生产代谢物的相互利用，提高养殖系统整体资源利用效率，降低养殖水对环境的污染，做到节能、减排、高产及车间环境全控制（图 4-9）。

图 4-9　鱼菜共生混合养殖

我国鱼菜共生养殖物联网具有规模大、车间集中的特点，单次产量高出很多，但对生产过程的控制要求更为严格。由于生产规模大，系统运行所需的水、电、热、气、饲料、微生物活动量要高出很多，设备的完备率、数据的准确性、通信的实时性、模型的适应性、平台的稳定性都会影响养殖、种植过程的业务执行效率。

基于物联网的精准业务管理能力，中国农业大学国家数字渔业创新中心研发团队为进一步加强鱼菜共生养殖系统的废弃物利用率，在现有温室内鱼菜共生人造生态系统的基础上，增加食用菌培育环节，突破鱼菜菌代谢耦合机理，集成可再生能源，研发出基于物联网的温室内鱼菜菌共生混合养殖系统。系统集成了风力发电、光伏发电、地源热泵、集雨槽等可再生能源收集模块，进一步提高了系统的环境适应性、鲁棒性，降低了生产过程中的能源成本，更加节约资源。

第五章
农业病虫害防治系统

第一节　病虫害防治技术

一、植物检疫

植物检疫是根据国家颁布的法令，设立专门机构，对国外输入和国内输出，以及国内地区之间调运的种子、苗木及农产品等进行检疫，禁止或限制危险性病、虫、杂草的传入和输出，或者在传入以后限制其传播，消灭其危害，这一整套工作称植物检疫，它是综合防治的前提。

植物检疫分对内检疫和对外检疫。对内检疫又称国内检疫，主要任务是防止和消灭通过地区间调运种子、苗木及其他农产品等而传播的危害性强的病、虫及杂草。对外检疫又称国际检疫，国家在沿海港口、国际机场及国际交通要道设立植物检疫机构，对进出口和过境的应该检疫的植物及其产品进行检验和处理，防止国外新的或在国内局部发生的危害性强的病、虫、杂草的输入，同时也防止国内某些危害性强的病、虫、杂草的输出，履行国际植检义务。

凡被列入植物检疫对象的都是有危害性的病、虫、杂草，它们的共同特点是：

（1）仅局部发生，分布不广，国内、省内来发生过的。

（2）危险性大，为害损失严重。

（3）自然远距离传播力弱，只能靠人为力量随种子、苗木及其包装运输物而传播蔓延。

三者缺一均不能定为检疫对象。

全国植物检疫对象和应施检疫的植物、植物产品由农业部统一制定；各省、自治区、直辖市补充的植物检疫对象和应施检疫的植物、植物产品名单，由各省、自治区、直辖市农业行政主管部门制定，并报农业部备案。

二、农业防治法

根据栽培管理的需要，结合农事操作，有目的地创造有利于作物生长发育而不利于病虫害发生的农田生态环境，以达到抑制和消灭病虫的目的，称为农业防治法。其优点是不伤害天敌，能控制多种病虫，作用时间长，经济、安全、有效。它是综合防治的基础。

农业防治的主要措施如下。

（1）选育、推广抗病虫品种

这是一项最经济、有效的病虫防治措施。特别是病害，选用抗病品种往往是防治措施中最根本的途径。目前，利用生物技术培育的抗虫棉（BT棉）已进入应用阶段。

（2）改进耕作制度

农田若长期种植一种作物，会为病虫提供稳定的环境和丰富的食料，容易引起病虫的猖獗发生。合理的轮作换茬，不仅使作物健壮生长，抗性提高，而且又可以恶化某些病虫的生活环境和食物条件，达到抑制病虫的目的。如水旱轮作等。

（3）运用合理的栽培技术

深耕改土、改进播种、合理密植、科学施肥与灌溉、适时中耕除草、改进收获方式等，都可使作物生长健壮，增强抗病虫能力，同时又能阻止病虫发生。

三、物理防治法

利用各种物理因素和机械设备防治病虫害，称为物理防治法。

此法简单易行，经济安全。

物理防治的主要措施如下。

1. 捕杀法

人工直接捕杀或利用器材消灭害虫的方法。如人工捕杀地老虎幼虫。

2. 诱杀法

利用害虫的趋光性和趋化性等趋性诱杀多种害虫。汰选法：利用风选、筛选和泥水、盐水浮选等方法，淘汰掉有病虫的种子、菌核、虫瘿等。

3. 温度处理

夏季利用室外日光晒种，能杀死潜伏在其中的害虫，烘干机也可以取得同样的效果。利用作物种子耐热力略高于病原物致死高温的特点进行温汤浸种，以消灭潜伏在种子内外的病原物。在北方地区，可在冬季对种子进行低温冷冻，消灭其中的害虫。新技术应用：近年来，国内外用红宝石、铵、二氧化碳激光器的光束杀死多种害虫。高频电流、超声波等防治储粮害虫也有很好的效果。

四、化学防治法

利用化学防治病虫害。化学防治在综合防治中占有非常重要的位置，在保证农业增产增收上一直起着重要作用。它具有以下优点：

防治效果显著，收效快，既可在病虫发生之前作为预防性措施，又可在病虫发生之后作为急救措施，迅速消除病虫危害，收到立竿见影的效果。使用方便，受地区和季节性限制小。

可大面积使用，便于机械化。防治对象广，几乎所有的作物病虫均可用化学农药防治。可工业化生产、远距离运输和长期保存。

但化学防治法有其局限性，由于长期、连续、大量使用化学农药，相继出现了一些新问题，例如，病、虫、草产生抗药性，化学防治成本上升，破坏生态平衡，污染环境等。在使用过程中应充分认识化学防治的优缺点，趋利避害，扬长避短，使化学防治与其他防治方法相互协调，配合使用。

五、生物防治法

利用有益生物或有益生物的代谢产物来防治病虫害，称为生物防治法。生物防治法的优点是对人畜安全，不污染环境，控制病虫作用比较持久，一般情况下，病虫不会产生抗性。因此，生物防治是病虫防治的发展方向。

生物防治的主要措施如下。

（1）以虫治虫

利用天敌昆虫来防治害虫。天敌昆虫有捕食性和寄生性两大类。

利用天敌昆虫防治害虫的主要途径有三个方面：第一，保护、利用自然天敌昆虫；第二，繁殖和施放天敌昆虫；第三，引进天敌昆虫。

目前我国在试验应用赤眼蜂、金小蜂、肉食性瓢虫、草蛉等防治松毛虫、玉米螟、棉红铃虫、棉蚜等害虫，已取得了一定成效。

（2）以菌治虫

利用微生物或其代谢产物控制害虫总量。

我国生产的细菌杀虫剂主要是苏云金杆菌类的杀螟杆菌、青虫菌、红铃虫杆菌等。真菌杀虫剂主要是白僵菌。病毒杀虫剂主要是核多角体病毒。

（3）以菌治病

以菌治病，也被称为以菌治虫，是一种农业生产技术的通俗说法。该技术主要是利用某些能使有害生物致病或抑制其危害的微生物，如细菌、真菌、病毒、线虫等制剂或载体，抑制虫害的发生。

这些微生物可以是来自生物界的天然微生物，也可以是通过人工选育或改良的微生物。例如，一些细菌、真菌和病毒可以用来控制害虫，如蚜虫、粉虱、叶蝉等。这些微生物的作用机制可以通过直接寄生在害虫身上，夺取其营养，或者通过产生有毒物质来影响害虫的生理机能，从而影响其生长和繁殖。

相比传统的化学农药，以菌治虫具有环保、高效、安全等优点。它不仅可以有效地控制病虫害的发生和危害，还可以降低对环境的污染和生态破坏的风险。此外，以菌治虫还可以提高农作物的抗逆性和产量，改善农产品的品质。

目前，以菌治虫已经在世界范围内得到了广泛的应用和推广。在许多国家和地区，以菌治虫已经成为农业生产中不可或缺的一部分。同时，随着科技的不断进步和应用技术的不断创新，以菌治虫的效果和效率也不断提高。

第二节　植物病虫害的调查统计

要做好病虫害防治工作，首先必须掌握病虫害在田间的动态，这就需要我们经常到田间进行调查研究，对调查所得的数据进行统计分析。

一、植物病虫害调查的内容

病虫害调查一般分为普查和专题调查两类。普查只了解病虫害的基本情况，如病虫种类、发生时间、危害程度、防治情况等。专题调查是有针对性的重点调查。在病虫的防治过程中，经常要进行以下内容的调查。

（1）发生和危害情况调查

普查一个地区在一定时间内的病虫种类、发生时间、发生数量及危害程度等。对于当地常发性和暴发性的重点病虫，则应详细记载害虫各虫态的始盛期、高峰期、盛末期和数量消长情况或病害由发病中心向全田扩展的增长趋势及严重程度等，为确定防治时期和防治对象提供依据。

（2）病虫或天敌发生规律的调查

专题调查某种病虫或天敌的寄主范围、发生世代、主要习性及不同农业生态条件下数量变化的情况，为制定防治措施和保护利用天敌提供依据。

（3）越冬情况调查

专题调查病虫越冬场所、越冬基数、越冬虫态、病原越冬方式等，为制定防治措施和开展预测预报提供依据。

（4）防治效果调查

包括防治前与防治后、防治区与不防治区的发生程度对比调查，病虫害次数的发生程度对比调查，以及不同防治时间、采取措施等为选择有效防治措施提供依据。

当前，病虫害调查的主要方法有人工调查、诱捕装置计数、遥感设备分析等手段。人工调查是传统手段，人工对田间地头的害虫进行计数。人们用肉眼观察和计数样本中害虫的个体或用肉眼观察估计病斑大小占叶面积的比率，病虫害调查数据的准确性受人的主观因素影响很大，对于病害观测粗放，而且调查工作很辛苦，劳动强度很大。

诱捕装置计数是在诱捕装置上对诱捕到的害虫计数，作为调查结果，通过在调查区域合理分布诱捕装置，可以起到节省调查人力，快速实现统计的目的。近些年还发展出各种改进的信息化技术，例如，用数码相机将黄板诱集和搪瓷盘收集的农田蚜虫拍照后，利用图像处理方法对这些图像进行分割、检测和连通域计算，从而实现麦蚜、棉蚜、菜蚜、白粉虱等体小、量大的害虫的自动计数。

遥感设备分析是通过对遥感设备（如摄像或照相设备）获得的图像进行图像识别，以识别到的害虫数量作为调查结果的调查方式。上述的改进诱捕分析方法实际是遥感分析和诱捕调查方法的结合。遥感分析方式可以快速获得病虫害调查结果，省时省力，但由于病虫种类较多，遥感分析的准确率受到清晰度、远近、天气、光线等众多因素影响。另外，虽然远距离遥感分析对于病虫害调查其精确性尚存在缺陷，该技术在分析病虫害造成的损害、实施虫害控制方面具备较高的价值。

二、植物病虫害调查方法

（一）取样方法

取样必须有代表性，这是正确反映田间病虫害发生情况的重要环节。取样的地段称为样点，样点的选择和取样数目的多少是由病虫种类、田间分布类型等决定的。最常用的病虫调查取样方法有：五点取样、对角线取样、棋盘取样、平行线取样、"Z"字形取样等。

1. 五点取样法

从田块四角的两条对角线的交驻点（即田块正中央），以及交驻点到四个角的中间点等五点取样；或者在离田块四边 4～10 步远的各处随机选择五个点取样，是应用最普遍的方法。

2. 对角线取样法

调查取样点全部落在田块的对角线上，可分为单对角线取样法和双对角线取样法两种。单对角线取样方法是在田块的某条对角线上，按一定的距离选定所需的全部样点。双对角线取样法是在田块四角的两条对角线上均匀分配调查样点取样。两种方法可在一定程度上代替棋盘式取样法，但误差较大。

3. 棋盘式取样法

将所调查的田块均匀地划成许多小区，形如棋盘方格，然后将调查取样点均匀分配在田块的一定区块上。这种取样方法多用于分布均匀的病虫害调查，能获得较可靠的调查。

4. 平行线取样法

在田间每隔数行取一行进行调查。本法适用于分布不均匀的病虫害调查，调查结果的准确性较高。

5. "Z"字形取样法（蛇形取样）

取样的样点分布于田边多，中间少，对于田边发生多、迁移性害虫，在田边呈点片不均匀分布时用此法为宜，如螨等害虫的调查。

不同的取样方法适用于不同的病虫分布类型。一般来说，单对角线式、五点式适用于田间分布均匀的病虫，而双对角线式、棋盘式、平行线式适用于田间分布不均匀的病虫，"Z"字形取样则适用于田边分布比较多的病虫。

（二）记载方法

病虫害调查记载是调查中的一项重要工作，无论哪种内容的调查都应有记载。所有的记载应妥善保存。当地病虫害发生档案作为历年病虫害发生的历史记录，对本地区病虫害预测预报有重要作用。记载是摸清情况、分析问题和总结经验的依据。记载要准确、简要、具体，一般都采用表格形式。表格的内容、项目可依据调查目的和调查对象设计。对测报等调查，最好按统一规定，以便积累资料和分析比较。通常在进行群众性的测报调查时，首先进行病虫发生情况的调查：（1）调查病虫危害植物的发生期，以确定防治时间；（2）调查病虫田间的发生数量，以确定防治对象田，即"两查两定"。

三、植物病虫害调查统计

对调查记载的数据资料要进行整理、计算、比较、分析，从中找出规律，才能说明问题。常用的分析数据包括被害率、虫口密度、病情指数、损失率，计算方式分别如下。

（一）被害率

该指标可反映病虫危害的普遍程度。计算方法如下：

被害率＝有虫（发病）单位数/调查单位总数×100%

（二）虫口密度

该指标可反映在单位面积内的虫口数量。计算方法如下：

虫口密度＝调查总虫数/调查总单位数

虫口密度也可用百株虫数表示：

百株虫数＝查得总活虫数/调查总株数×100%

（三）病情指数

该指标可反映病情严重的程度。根据取样点的每个样本，按病情严重度分级标准，调查出各级样本数据，代入如下公式计算出病情指数。

病情指数＝ $\sum$ （各级病株数×各级代表数值）调查总样本数×最高级代表数值

（四）损失率

损失是指产量或经济效益的减少。病虫所造成的损失应该以生产水平相同的受害田与未受害田的产量或经济总产值对比来计算，也可用防治区和不防治的对照区产量或经济总产值对比来计算。即

损失率＝（未受害田平均产量或产值－受害田平均产量或产值）/未受害田平均产量或产值×100％

第三节 植物病虫害的预测预报

病虫害预测是根据病虫害的发生、消长规律，有目的地针对某种病虫的发生情况进行调查研究，结合掌握的历史资料、天气预报等，对该病虫的发生趋势加以粗略计算。病虫害预报是将预测的结果通过网络、电话、广播、文字材料等多种形式，通知有关单位做好准备，及时开展防治工作。

一、病虫害预测预报的种类

病虫害预测预报是为有效地进行病虫害防治服务的，其目的是要掌握病虫危害植物的主要发生期，以确定防治时间；还必须掌握病虫发生数量，以确定发生面积和估计危害程度，做好防治前的准备工作。

（一）按预测时间的长短区分

长期预测：在病虫发生半年以前就发出预报的，称为长期

预测。

中期预测：在病虫发生一两个月以前发出预报的，称为中期预测。

短期预测：在病虫发生几天或十几天以前发出预报的，称为短期预测。

（二）按预测的内容区分

发生期预测：预测病虫害发生时间的，称为发生期预测。

发生量预测：预测病虫害发生数量的，称为发生量预测。

产量损失预测：预测产量损失的，称为产量损失预测。

二、病虫害预测的基本方法

（一）害虫的发生期预测方法

对有害虫的卵、蛹、成虫等某一虫态或虫龄出现或发生的初盛期、高峰期和盛末期进行预测属于发生期预测。其方法如下：

1. 发育进度预测法

该方法基于害虫的生长发育阶段与时间之间的对应关系，通过观测害虫的生长发育阶段，推算出其未来可能的发展状况，从而预测其发生期。

2. 物候预测法

该方法根据植物和动物的季节性生长和活动规律来预测害虫的发生期。例如，某些害虫会在特定的植物或动物活动时期出现，通过观察这些物候现象，可以大致预测害虫的出现时间。

3. 有效积温预测法

该方法基于昆虫生物学原理，即昆虫生长和发育需要一定的有效积温。通过观测环境温度和有效积温的累积情况，可以预测害虫的生长发育状况和发生期。

这些预测方法在农业害虫防治中具有重要意义，通过提前预测，可以及时采取有效的防治措施，减少害虫对农作物的危害。

(二) 害虫的发生量预测方法

发生量预测是对害虫可能发生的数量或虫口密度进行预测，了解是否有大量发生的趋势和是否会达到防治指标，其方法如下：

1. 有效虫口基数预测法

该方法简单明了，可直接从表面发现规律，并得出害虫发生数量的变化与前一阶段的基数有关。如果前一阶段的基数变小，则会直接影响下一阶段发生数量变少；如果前一阶段的基数变大，则会直接影响下一阶段发生数量变多。因此，可以用该方法，预测下一时期虫口基数。

2. 气候图及气候指标预测法

昆虫属于变温动物，其种类较多，形态各异，并且温度的高低也会影响种群数量的变化。所以，人们可以利用气候与昆虫的关系对其发生量进行预测。

3. 生命表预测法

该方法是根据昆虫生命表来确认，不同致死因子对昆虫种群数量变化的作用，并再其中找到影响因子，进而根据昆虫的死亡率和生存率大致估计种群未来的消长趋势。

(三) 病害的预测方法

1. 孢子捕捉预测法

该方法主要适用于预测真菌病害。通过捕捉空气中的孢子，了解孢子的数量和种类，结合历史数据和当年环境条件等因素，预测未来病害发生的可能性。

2. 病圃预测法

通过在病圃中种植感病植物，模拟自然发病条件，观察病害发生情况，结合历史数据和当年环境条件等因素，预测未来病害发生的可能性。

3. 气象指标预测法

许多病害的发生与气象条件密切相关。通过监测气温、湿度、降雨量等气象因素，结合历史数据和当年环境条件等因素，可以对某些病害的发生进行预测。

4. 噬菌体预测法

噬菌体是寄生在细菌和其他微生物中的病毒。通过观察噬菌体的数量和种类，可以预测某些由细菌引起的病害的发生情况。

需要注意的是，这些预测方法并非适用于所有病害，具体应用需要根据实际情况选择合适的方法。

第四节　农业病虫害防治系统

一、系统架构

农业物联网病虫害防治系统，利用物联网技术、模式识别、数据挖掘和专家系统技术，实现对设施农业病虫害的实时监控和有效控制。通过对作物有无患病症状、症状的特征及田间环境状况的仔细观察和分析，初步确定其发病原因，搞好作物病虫害防治的预警。准确地诊断，对症下药，从而收到预期的防治效果。农业病虫害防治系统的架构如图 5-1 所示。

图 5-1　农业病虫害防治系统的架构

二、系统平台

农业物联网病虫害防治系统平台包括物联网数据采集监测设备、智能化云计算平台、专家服务平台、系统管理员和服务终端五大部分。

(一)物联网数据采集监测设备

物联网数据采集监测设备，主要是使用无线传感器，实时采集环境中各种影响因子的数据信息、视频图像等，再通过中国移动 TD/GPRS 网络传输到专家服务平台，作为最基础的统计分析依据。

具体来说，是通过采集监测设备（如远程拍照式虫情测报灯、孢子捕捉仪、无线远程自动气象监测站、远程视频监控系统）自动完成虫情信息、病菌孢子、农林气象信息的图像及数据采集，并自动上传至云服务器，用户通过网页、手机即可联合作物管理知识、作物图库、灾害指标等模块，对作物实时远程监测与诊断，提供智能化、自动化管理决策，是农业技术人员管理农业生产的"千里眼"和"听诊器"。

（二）智能化云计算平台

智能化云计算平台利用智能化算法处理信息，建立病虫害预警模型库、作物生长模型库、告警信息指导模型库等信息库，实现对病虫害的实时监控，通过与实操相结合的告警信息让农户采取最佳的农事操作，实现对病虫害的有效控制。

（三）专家服务平台

专家服务平台整合大量的专家资源，以实现专家与农户的咨询、互动，农业专家可以根据历史数据进行分析，给出指导意见，并根据农户提供的现场拍摄图片给出解决方案，随时随地为农户提供专家服务。

（四）系统管理员

系统管理员为不同级别的用户提供不同的使用权限，使得政府农业主管部门、合作社、农业专家、农户等不同的使用角色登录不同的界面，可方便快捷地查看到用户最关注的问题，在设施面积较大的情况下便于管理、查看。

（五）服务终端

服务终端支持手机，用户通过手机就可以掌握实时信息，实现与专家互动交流。

三、托普农作物重大病虫害数字化监测预警系统

托普农作物重大病虫害数字化监测预警系统由虫情信息自动

采集分析系统、孢子信息自动捕捉培养系统、远程小气候信息采集系统、病虫害远程监控设备、害虫性诱智能测报系统等设备组成，可自动完成虫情信息、病菌孢子、农林气象信息的图像与数据采集，并自动上传至云服务器，用户通过网页、手机即可联合作物管理知识、作物图库、灾害指标等模块，对作物实时远程监测与诊断，提供智能化、自动化管理决策，是农业技术人员管理农业生产的"千里眼"和"听诊器"。

（一）系统功能

农作物重大病虫害数字化监测预警系统具有如下功能。

1. 随时随地查看园区数据

虫情数据：虫情照片、统计计数等。

病情数据：病害照片、统计孢子情况。

植物本体数据：果实膨大、茎秆微变化、叶片温度等。

园区三维图综合管理，所有监控点直观显示，监测数据一目了然。

设备状态：测报灯、孢子捕捉仪、杀虫灯等设备工作状态、远程管理等。

2. 随时随地查看园区病虫害情况

农作物重大病虫害数字化监测预警系统通过搭建在田间的智能虫情监测设备，可以无公害诱捕杀虫，绿色环保，同时利用GPRS/3G 移动无线网路，定时采集现场图像，自动上传到远端的物联网监控服务平台，工作人员可随时远程了解田间虫情情况与变化，制定防治措施。通过系统设置或远程设置后自动拍照将现场拍摄的图片无线发送至监测平台，平台自动记录每天采集数据，形成虫害数据库，可以各种图表、列表形式展现给农业专家进行远程诊断。

可远程随时发布拍照指令，获取虫情照片，也可设置时间自动拍照上传，通过手机、电脑即可查看，无须再下田查看。

昆虫识别系统，自动识别昆虫种类，实现自动分类计数

历史数据可按曲线、报表形式展现，清晰直观查看所有监测设备的监测数据

千倍光学放大显微镜可定时清晰拍摄孢子图片，自动对焦，自动上传，实现全天候无人值守自动监测孢子情况

3. 墒情监测

各省包含众多市县级乡镇地区，如此庞大的种植面积，用报表很难将全省的墒情形象展示出来。图形预警与灾情渲染模块，正是为了解决这个问题而设置。

平台将灾情按严重程度分为不同颜色，并在省级行政图中以点的形式表示，只要一打开平台的行政区域图，即可直观显示省各区域的墒情情况如何。

4. 灾情监控

管理区域放置360°全方位红外球形摄像机，可清晰直观的实时查看种植区域作物生长情况、设备远程控制执行情况等、实时显示监控区域灾情状况。

增加定点预设功能，可有选择性设置监控点，点击即可快速转换呈现视频图像。

5. 专家系统

该系统可将病虫害防治专家信息与联系方式全部集中到一起，用户可联线专家咨询四情危害防治难题。

6. 任务设置，远程自动控制

实现对病虫情监测设备的远程监管与控制，设备工作情况可远程管理。

（二）系统数据采集

农作物重大病虫害数字化监测预警系统中数据采集是实现信息化管理、智能化控制的基础。由于农业行业的特殊性，传感器不仅布控于室，还会因为生产需要布控于田间、野外，深入土壤或者水中，承受风雨的洗礼和土壤水质的腐蚀，对传感器的精度、稳定性、准确性要求较高。

1. 远程可拍照式虫情测报灯

改变了测报工作的方式，简化了测报工作流程，保障了测报工作者的健康。

2. 远程可拍照式孢子捕捉仪

专为收集随空气流动、传染的病害病原菌孢子与花粉尘粒而研制，主要用于检测病害孢子存量与其扩散动态，为预测和预防病害流行、传染提供可靠数据。收集各种花粉，以满足应用单位的研究需要。设备可固定在测报区域，定点收集特定区域孢子种类与数量通过在线分析并实时传输到管理平台。

3. 无线田间气象站

无线田间气象站具有如下特点：

①可远程设置数据存储和发送时间间隔，无需现场操作。

②带摄像头，可实时拍照并上传至平台，实时了解田间与作物情况。

③太阳能供电，可在野外长期工作。

④可配置土壤水分、土壤温度、空气温湿度、光照强度、降雨量、风速风向等 17 种气象参数。

（三）系统管理

农作物重大病虫害数字化监测预警系统的移动管理方便快捷。系统已实现与手机端、平板电脑端、PC 电脑端无缝对接。方便管理人员通过手机等移动终端设备随时随地查看系统信息，远程操作相关设备。

第六章
农产品智慧物流追溯体系

第一节　智慧物流概述

一、智慧物流的内涵

智慧物流以现代通信技术、网络技术、物联网技术等信息技术为基础，采用 RFID 等各种智能感知设备，对物流运作环节中的各种物品和设施进行实时查看和控制，从而实现可视化的运输管理、仓储作业的自动化运行管理和智能化的配送管理，提升物流企业运作效率。智慧物流的前提是连接，基础是数据，核心是融合，目标是智能。作为正在起步的智慧物流，其为农业转型升级开辟了新的方向。加强农产品智慧物流信息系统的设计和实施，可以有效提高农产品质量，保障人民生活水平。

农产品流通是指为了满足消费者需求，实现农产品价值而进行的农产品物质实体及相关信息从生产者到消费者之间的物理性经济活动。具体来说，就是以农业产出物为对象，包括物流环节，如生产后采购、运输、仓储、装卸、搬运、包装、流通加工、配送、信息处理等，并且在这一过程中实现农产品价值增值和组织目标。农产品流通的方向主要是从农产品生产地向农产品消费地。由于农产品的主要消费群体在城市地区，农产品一般从农村地区流向城市地区。

二、智慧物流应用主要技术

智慧物流技术是运用于物流各环节中的信息技术，是现代信息技术在物流各个作业环节中的综合应用，是现代物流区别传统物流的根本标志，也是物流技术中发展最快的领域，尤其是计算机网络技术的广泛应用使物流信息技术达到了较高的应用水平。

在国内，各种智慧物流应用技术已经广泛应用于物流活动的各个环节，对企业的物流活动产生了深远的影响。

（一）自动化设备技术应用

物流自动化设备技术的集成和应用的热门环节是配送中心，其特点是每天需要拣选的物品品种多、批次多、数量大，因此在国内超市、医药、邮包等行业的配送中心部分地引进了物流自动化拣选设备。一种是拣选设备的自动化应用，如北京市医药总公司配送中心，其拣选货架（盘）上配有可视的分拣提示设备，这种分拣货架与物流管理信息系统相连，动态地提示被拣选的物品和数量，指导着工作人员的拣选操作，提高了货物拣选的准确性和速度。另一种是一种物品拣选后的自动分拣设备。用条码或电子标签附在被识别的物体上（一般为组包后的运输单元），由传送带送入分拣口，然后由装有识读设备的分拣机分拣物品，使物品进入各自的组货通道，完成物品的自动分拣。分拣设备在国内大型配送中心有所使用，但这类设备及相应的配套软件基本上是由国外进口，也有进口国外机械设备、国内配置软件。立体仓库和与之配合的巷道堆垛机在国内发展迅速，在机械制造、汽车、纺织、铁路、卷烟等行业都有应用。例如，昆船集团生产的巷道堆垛机在红河卷烟厂等多家企业应用了多年。国产堆垛机在其行走速度、噪声、定位精度等技术指标上有了很大的改进，运行也比较稳定。但是与国外著名厂家相比，在堆垛机的一些精细指标，如最低货位极限高度、高速（80 米/秒以上）运行时的噪声、电机减速性能等方面还存在不小差距。

（二）设备跟踪和控制技术应用

物流设备跟踪主要是指对物流的运输载体及物流活动中涉及的物品所在地进行跟踪。物流设备跟踪的手段有多种，可以用传统的通信手段（如电话等）进行被动跟踪，也可以用射频识别（RFID）技术进行阶段性的跟踪，但目前国内用得最多的还是GPS技术跟踪。GPS技术跟踪是利用GPS物流监控管理系统，它主要跟踪货运车辆与货物的运输情况，使货主及车主随时了解车辆与货物的位置与状态，保障整个物流过程的有效监控与快速运转。物流GPS监控管理系统的构成主要包括运输工具上的GPS定位设备、跟踪服务平台（含地理信息系统和相应的软件）、信息通信机制和其他设备（如货物上的电子标签或条码、报警装置等）。

（三）动态信息采集技术应用

企业竞争的全球化、产品生命周期的缩短和用户交货期的缩短等都对物流服务的可得性与可控性提出了更高的要求，实时物流理念由此诞生。如何保证对物流过程的完全掌控，物流动态信息采集应用技术是必需的手段。动态的货物或移动载体本身具有很多有用的信息，如货物的名称、数量、重量、质量、出产地或者移动载体（如车辆、轮船等）的名称、牌号、位置、状态等。这些信息可能在物流中被反复使用，因此正确、快速读取动态货物或载体的信息并加以利用可以明显地提高物流的效率。流行的物流动态信息采集技术中，一、二维条码技术应用范围最广，其次还有磁条（卡）、语音识别、便携式数据终端、射频识别（RFID）等技术。

1. 一维条码技术

一维条码是由一组规则排列的条和空、相应的数字组成，这种用条、空组成的数据编码可以供机器识读，而且很容易译成二进制数和十进制数。因此，此技术广泛地应用于物品信息标注中。因为符合条码规范且无污损的条码的识读率很高，所以一维条码结合相应的扫描器可以明显地提高物品信息的采集速度。加之条码系统的成本较低，操作简便，又是国内应用最早的识读技术，所以在国内有很大的市场，国内大部分超市都在使用一维条码技术。但由于一维条码表示的数据有限，条码扫描器读取条码信息的距离也要求很近，而且条码污损后可读性极差，所以限制了它的进一步推广应用，一些其他信息存储容量更大、识读可靠性更好的识读技术开始出现。

2. 二维条码技术

由于一维条码的信息容量很小，如商品上的条码仅能容纳几位或者十几位阿拉伯数字或字母，商品的详细描述只能依赖数据库提供，离开了预先建立的数据库，一维条码的使用就受到了限制。基于这个原因，人们发明一种新的码制，除具备一维条码的优点外，同时还有信息容量大（根据不同的编码技术，容量是一维的几倍到几十倍，从而可以存放个人的自然情况及指纹、照片等信息）、可靠性高（在损污50%仍可读取完整信息）、保密防伪性强等优点。这就是在水平和垂直方向的二维空间存储信息的二维条码技术。二维条码继承了一维条码的特点，条码系统价格便宜，识读率强且使用方便，所以在国内银行、车辆等管理信息系统上开始应用。

3. 磁条（卡）技术

磁条（卡）技术以涂料形式把一层薄薄的由定向排列的铁性氧化粒子用树脂黏合在一起并粘在诸如纸或塑料这样的非磁性基片上。磁条从本质意义上讲和计算机用的磁带或磁盘是一样的，它可以用来记载字母、字符及数字信息，优点是数据可多次读写，数据存储量能满足大多数需求。由于磁条黏附力强的特点，使之在很多领域得到广泛应用，如信用卡、银行ATM卡、机票、公共汽车票、自动售货卡、会员卡等。但磁条的防盗性能、存储量等性能比起一些新技术（如芯片类卡技术）还是有差距。

4. 声音识别技术

声音识别技术是一种通过识别声音达到转换成文字信息的技术，其最大特点就是不用手工录入信息，这对那些采集数据的同时还要完成手脚并用的工作场合，或键盘上打字能力低的人尤为适用。但声音识别的最大问题是识别率，要想连续地高效应用有难度。

5. 视觉识别技术

视觉识别系统是一种通过对一些有特征的图像进行分析和识别，能够对限定的标志、字符、数字等图像内容进行信息的采集。视觉识别技术的应用障碍也是对于一些不规则或不够清晰图像的识别率问题，而且数据格式有限，通常要用接触式扫描器扫描。随着自动化的发展，视觉技术会朝着更细致、更专业的方向发展，并且还会与其他自动识别技术结合起来应用。

6. 接触式智能卡技术

智能卡是一种将具有处理能力、加密存储功能的集成电路芯片嵌装在一个与信用卡一样大小的基片中的信息存储技术，通过识读器接触芯片可以读取芯片中的信息。接触式智能卡的特点是具有独立的运算和存储功能，在无源情况下，数据也不会丢失，数据安全性和保密性都非常好，成本适中。智能卡与计算机系统相结合，可以方便地满足对各种各样信息的采集传送、加密和管理的需要，它在国内外的许多领域（如银行、公路收费、水表煤气收费等）得到了广泛应用。

7. 便携式数据终端

便携式数据终端（PD T）一般包括一个扫描器、一个体积小但功能很强并有存储器的计算机、一个显示器和供人工输入的键盘。所以 PDT 是一种多功能的数据采集设备。PDT 是可编程的，允许编入一些应用软件。PD T 存储器中的数据可随时通过射频通信技术传送到主计算机。

8. 射频识别

射频识别（RFID）技术是一种利用射频通信实现的非接触式自动识别技术。RFID 标签具有体积小、容量大、寿命长、可重复使用等特点，可支持快速读写、非可视识别、移动识别、多目标识别、定位及长期跟踪管理。RFID 技术与互联网、通信等技术相结合，可实现全球范围内物品跟踪与信息共享。

从上述物流信息技术的应用情况及全球物流信息化发展趋势来看，物流动态信息采集技术正成为全球范围内重点研究的领域。中国作为物流发展中国家，已在物流动态信息采集技术应用方面积累了一定的经验，例如条码技术、接触式磁条（卡）技术的应用已经十分普遍，但在一些新型的前沿技术，如 RFID 技术等领域的研究和应用方面还比较落后。

第二节 农产品智慧物流应用系统

一、智慧物流应用系统总体架构

（一）总体技术架构

结合农产品物流的特点，以物联网的 DCM（Devices，Connect，Manage）3 层架构来建立完整的农产品智慧物流应用系统，每层架构应用最先进的物联网技术，依据云计算和云服务"软件即服务"的方法，并在实现效果和设计理念上体现可视化、泛在化、智能化、个性化、一体化的特点。农产品智慧物流应用系统网络拓扑结构如图 6-1 所示。

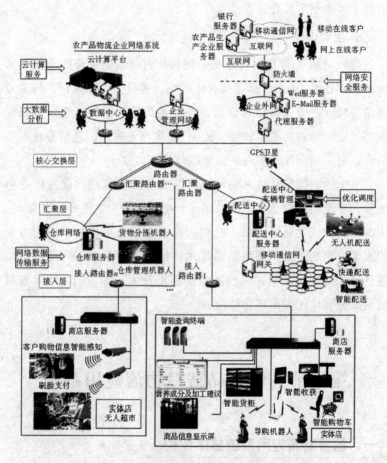

图 6-1 农产品智慧物流应用系统网络拓扑结构

(二) 技术特点分析

物联网是通过智能感知装置采集物体信息，经过传输网络到达信息处理中心，最终实现物与物、人和物之间的自动信息交互和处理的智能网络，包括感知层、传输层和应用层。方案充分考虑用户对可视化、泛在化、智能化、个性化、一体化的需求，通过技术集成和研发相结合，保证方案的技术先进性和产品的实用性。

1. 农产品智慧物流应用系统感知层

感知层通过 RFID 技术、现场视频采集装置、GPS 定位装置、GIS 系统等感知设备从作业层的采购、仓储、运输、配送和销售阶段采集各种现场信息。

作为对农产品智慧物流应用系统的农产品状态进行探测、识别、定位、跟踪和监控的末端，末端设备及子系统承载了将农产品的信息转换为可处理信号的功能，其主要技术包括传感器技术、RFID（射频识别）技术、二维码技术、多媒体（视频、图像采集、音频、文字）技术等。

（1）在农产品物流产品识别、溯源方面，常采用 RFID 技术、条形码技术。

（2）在农产品物流产品分类、拣选方面，常采用 RFID 技术、激光技术、红外技术和条形码技术等。

（3）在农产品物流产品运输定位、追踪方面，常采用 GPS 技术、RFID 技术和车载视频识别技术。

（4）在农产品物流产品质量控制和状态感知方面，常采用传感技术（温度、湿度等）、RFID 技术与 GPS 技术。

2. 农产品智慧物流应用系统传输层

在一定区域范围内的农产品物流管理与运作的信息系统，常采用企业内部局域网技术，并与互联网、无线网络接口；在不方便布线的地方，采用无线局域网络。在大范围内的农产品物流管理与运作的信息系统，常通过将互联网技术、GPS 技术相结合，实现物流运输、车辆配货与调度管理的智能化、可视化与自动化。在以仓储为核心的物流中心信息系统，常采用现场总线技术、无线局域网技术、局域网技术等网络技术。

在网络通信方面，常采用无线移动通信技术、3G/4G/5G 技术等。

3. 农产品智慧物流应用系统应用层

针对农产品流通物联网信息具有多元、多源、多级、动态变化、数据量巨大等特点，方案充分利用云计算的虚拟化、动态可扩展、按需计算、高效灵活、高可靠性、高性价比的特点，从农产品流通物联网感知信息的获取、存储等云基础处理，采购、配货、运输物联网感知信息云应用服务，农产品流通信息服务云软件服务 3 个层面，构建农产品智慧物流信息云处理系统、电子交易信息云服务系统、配货信息云服务系统、运输信息云服务系统和农产品流通信息服务系统，进行农产品流通物联网云计算资源的开发与集成，建立农产品物流物联网云计算环境及应用技术体系。

面向农产品流通主体提供云端计算能力、存储空间、数据知识、模型资源、应用平台和应用软件服务，提高农产品物流信息的采集、管理、共享、分析水平，实现农产品流通要素聚集、信息融合，促进农产品物流产业链条的快速形成和拓展。

二、农产品配货管理系统

农产品配货管理系统旨在利用 RFID、RFID 读/写设备、移动手持 RFID 读/写设备、移动车载 RFID 读/写设备（仓储搬运车辆用）、Wi-Fi/局域网/互联网、IPv6、智能控制等现代信息技术，实现配货过程的仓储管理、分拣管理和发运管理。

（一）农产品配货管理系统的主要功能

1. 仓储管理

仓储管理主要实现收货、质检、入库、越库、移库、库存管理、出库管理、货位导航、查询等功能。

收货：仓库在收到上游发到的货物时，按照发货清单对实际到达的货物进行校核的作业过程。经过收货确认之后，所收到的货物才算正式进入库存管理范围，在仓储数据库中被计为库存。收货后，货物被移至收货暂存区。

质检：对完成收货位于暂存区的货物进行质量检验，对于质检不合格的货物要进行退货处理，并非所有仓储都需要此环节。

入库：将完成收货（并质检合格）的货物搬运到指定的货位，或者搬运到适当的货位之后，将相关的信息集反馈给仓储管理系统，主要包括入库类型、货物验收、收货单打印、库位分配、预入库信息、直接入库等。入库功能主要借助 RFID 设备实现。当产品进入库房时，在库房入口处安装固定的 RFID 读取设备或通过手持设备自动对入库的货物进行识别，由于每个包装上都安装有电子标签，因而可以识别到单品，同时由于 RFID 的多读性，可以一次识别多个标签，以便做到快速入库识别。

越库：越库是最高效、理想的仓库运作模式。越库是将完成收货的原托盘直接装车发运。

移库：移库是指库存货物在不同货位之间移动，需要采集货物移入和移出的货位信息。

库存管理：对库存货物进行内部操作处理，主要包括库位调整处理、盘点处理、退货处理、调换处理、包装处理、报废处理等。具体实现过程：安装有 RFID 电子标签的货物入库后，配合 RFID 手持终端在库内可以方便地进行查找、盘点、上架、拣选处理，随时掌握库存情况，并根据库存信息和库存的下限值生成货物采购订单。

出库管理：对货物的出货进行管理，主要包括出库类型确认、调配、检货单打印、检货配货处理、出库确认、单据打印等。

货位导航：出库、入库、盘库时可查看所有要操作器材的所在位置；系统根据车载天线返回的信息，自动判断车所在位置，并在画面中显示自己所在的位置。系统会根据天线返回的货位号自动判断附近是否有要操作的货位，并给予到达货位、附近有可操作货位等提示。

查询：查询是指提供对现有仓库库存情况的各种查询方式，如货物查询、货位查询等。

2. 分拣管理

分拣管理主要实现分拣和包装的功能。

分拣：按照发货要求指示作业人员到指定的货位拣取指定数量的指定农产品的作业。需要采集所需拣取的农产品种类、数量及货位信息。拣选后可以将经销地、经销商等信息写入 RFID 电子标签，以便进行发货识别和市场监管等。

包装：按照发运的需要，将拣选的货物装进适当的容器或包装，并对所捡取的货物再次进行核对。

3. 发运管理

发运管理指将包装好的容器，按照运输计划装入指定的车辆。

在发货出库区安装固定的 RFID 读取设备或通过手持设备自动对发货的货物进行识别，读取标签内的信息与发货单匹配进行发货检查确认。

三、农产品质量追溯系统

以农产品流通的全程供应链提供追溯依据和手段为目标，以农产品流通全过程流通链为立足点，综合分析各类流通农产品的特点，建立从采购到零售终端的产品质量安全追溯体系，以实现最小流通单元产品质量信息的准确跟踪与查询。

其主要建设内容包括以下几个方面。

（一）生产管理系统

生产管理系统包括分别为种植、养殖企业用户和加工企业用户开发的种植、养殖质量管理系统和农产品加工质量管理系统。

种植、养殖质量管理系统面向种植、养殖企业的内部管理需求，以提高种植、养殖过程信息的管理水平及种植、养殖过程的可追溯能力为目标，通过对种植、养殖企业的育苗、放养、投喂、病害防治到收获、运输和包装等生产流程进行剖析，设计农产品种植、水产养殖生产环境、生产活动、质量安全管理、销售状况等功能模块，满足企业日常管理需求；在建设包括基础信息、生产信息、库存信息、销售信息等水产品档案信息数据库的基础上，开发针对不同用户的生产管理模块、库存管理模块和销售模块，将各模块集成，形成农产品种植、养殖生产管理系统。

（二）交易管理系统

面向批发市场管理需要，实现产品准入管理和市场交易管理，针对不同模式的批发市场开发实用的市场交易管理系统，主要包括市场准入管理、市场档口管理和交易管理。

1. 市场准入管理

根据产地准出证是否具有条形码，将产地准出证上的相关养殖者信息、产品信息通过读取或录入的形式存储到批发市场中心数据库，以管理产品的来源。

2. 市场档口管理

对市场中的各档口进行日常管理，主要管理基础信息和抽检信息等。

3. 交易管理

针对信息化程度较高的批发市场，根据市场准入原则向进入批发市场的养殖企业（或批发商）索取带有条形码的产地准出证，管理人员读取产地准出证上的条形码，并存储到批发市场中心数据库中；若是拍卖模式的批发市场，批发商在租用电子秤时，管理人员将该批发商当天的相关数据发送到批发商租用的电子秤中，批发商在与客户交易时打印带有生产企业、批发市场、批发商、产品信息的一维条形码产品销售单，同时将该次交易记录上传到批发市场中心数据库中；若是直接经营模式的批发市场，则批发商通过无线网络下载该批发商该天的相关数据到电子秤，批发商在与客户交易时打印带有生产企业、批发市场、批发商、产品信息的一维条形码产品销售单。一旦出现产品问题，在批发市场可通过产品销售单的相关信息追溯到批发商。

（三）监管追溯系统

监管追溯系统包括企业管理、网站管理、用户管理三大功能模块。其中，企业管理包括企业信息上传、企业上传产品统计、短信平台数据统计等功能；网站管理包括新闻系统、抽检公告、企业简介、农产品信息、行业标准、消费者指南、数据库管理等功能；用户管理主要通过对用户权限进行分配，建立多级用户的管理功能，从而满足政府监管部门、企业用户和消费者等不同的追溯需求，以利于达到消费者满意、企业管理水平提高的目的。农产品质量安全监管追溯平台通过模块化设计和权限划分，满足部、省、市、县各级的可追溯性监管主体的监管和追溯需求，可以向各级监管主体提供详细的农产品各供应链的责任主体、产品流向过程及下级监管主体的农产品质量安全控制措施。另外，通过基础信息平台对农产品追溯码数量、短信追溯数量进行统计分析，为各级主管部门加强管理和启动风险预警应急响应措施提供必要的技术支持。

（四）追溯信息查询系统

通过数据访问通用接口，研究计算机网络、无线通信网络和电话网络对同一数据库的访问协议，开发完成支持短信网关、PSTN 网关、IP 网关的通用 API，实现基于中央追溯信息数据库的多方式查询。追溯信息查询系统各环节系统模块以追溯信息为基础，使用产品标签条形码和产品可追溯码作为查询方法，并通过网站、POS 机、短信、语音通话等多种可追溯信息查询方法执行可追溯信息查询。追溯信息查询系统示意图如图 6-2 所示。

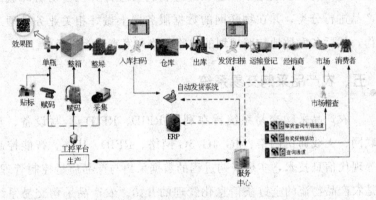

图 6-2　追溯信息查询系统

四、农产品运输管理系统

农产品运输管理系统旨在利用 RFID、RFID 读/写设备、移动手持 RFID 读/写设备、智能车载终端、GPS/GPRS、Wi-Fi/互联网、IPv6、智能控制等现代信息技术等，实现运输过程的车辆优化调度管理、运输车辆定位监控管理和沿途配送分发管理。

（一）车辆优化调度管理

车辆优化调度管理主要实现运输车辆的日常管理、车辆优化调度、运输线路优化调度、货物优化装载等功能。

（二）运输车辆定位监控管理

在途运行的运输车辆通过智能车载终端连接 GPS 和 GPRS，

实现运输途中的车辆、货物定位并将货物状态实时监控数据上传到物联网的数据服务器，以及运输途中的车辆、货物定位和监测数据上传。

（三）沿途配送分发管理

根据客户位置的不同，运输站使用物料管理计算机在运输车辆经过时自动识别电子标签，通过物料管理计算机自动对卸载的产品进行分类，并在物联网的数据服务器上做好相关业务处理工作，然后各发散地按照规划的线路一路分发直到客户手中。

五、农产品采购交易系统

农产品采购交易系统旨在利用 RFID、RFID 读/写设备、互联网、无线通信网络、3G/4G/5G 网络、RFID、IPv6、智能控制等现代信息技术，实现采购过程的数据采集与产品质量控制管理，是农产品物流的全链条信息化管理的开始。农产品采购交易系统示意图如图 6-3 所示。

（一）电子标签制作与数据上传

在生产基地生产的产品（采购部门购买的产品）在包装前用电子标签制成，并通过手持式 RFID 读卡器或智能移动读/写设备将信息通过网络传输到系统服务器的数据库中，由此开始管理追踪农产品流通全过程。这些信息主要包括产品名称、产地、数量、占用仓库大小、估计到达时间，并在物联网数据服务器上执行相关业务处理，这样就能有效地为配送总部做好冷库储藏的准备和协调工作。

（二）采购单管理

采购单管理主要根据库存信息、客户订单生成采购单，并实现采购单管理。

实现环境：RFID、RFID 读/写设备、移动 RFID 读/写设备、无线通信网络、互联网、计算机等。

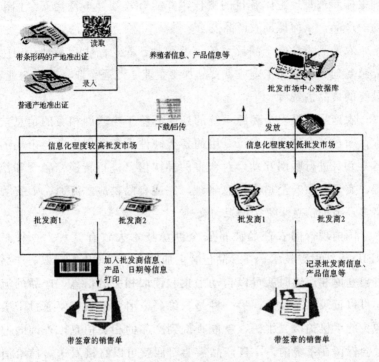

图 6-3 农产品采购交易系统示意图

第三节 农产品质量安全溯源系统

一、农产品质量安全溯源系统概述

农产品质量安全溯源系统是指在农产品产供销的各个环节（包括种植养殖、生产、流通以及销售与餐饮服务等）中，农产品质量安全及其相关信息能够被顺向追踪（生产源头—消费终端）

或者逆向回溯（消费终端—生产源头），从而使农产品的整个生产经营活动始终处于有效监控之中。该体系能够理清职责，明晰管理主体和被管理主体各自的责任，并能有效处置不符合安全标准的农产品，从而保证农产品安全。

农产品质量安全溯源系统主要包括：农产品生产基地、肉牛养殖基地、屠宰加工企业、食品加工企业、流通企业、零售企业、最终的食品消费者。

农产品质量安全溯源系统的建立有赖于物联网相关的信息技术，通过开发出食品溯源专用的各类硬件设备应用于参与市场的各方并且进行联网互动，对众多的异构信息进行转换、融合和挖掘，实现食品安全追溯信息管理，完成食品供应、流通、消费等诸多环节的信息采集、记录与交换。

国内现行的农产品质量安全溯源技术大致有 3 种：一种是 RFID 无线射频技术，在食品包装上加贴一个带芯片的标识，产品进出仓库和运输时就可以自动采集和读取相关的信息，产品的流向可以记录在芯片上；另一种是二维码，消费者只需要通过带摄像头的手机拍摄二维码，就能查询到产品的相关信息，查询的记录会保留在系统内，一旦产品需要召回就可以直接发送短信给消费者，实现精准召回；还有一种是条码加上产品批次信息（如生产日期、生产时间、批号等），采用这种方式食品生产企业基本不增加生产成本。

为了增强农产品溯源系统应用的生命力，一般采用统一的数据流程，并采用相应的策略控制数据的流向。数据流图的统一和规范，不仅适应本系统查询功能的要求，而且使系统能更好地与相关系统进行数据交流和共享，特别是能更好地完成系统在运行后长期而繁重的系统维护任务，减少维护开发的工作量，增加系统的可扩展性。农产品质量安全溯源系统，如图 6-4 所示。

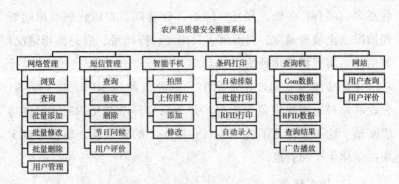

图 6-4　农产品质量安全溯源系统功能图

二、食品产业链物联网的应用

要实现安全的食品供应链，就需要供应链各环节实现无缝衔接，达到物流与信息流的统一，从而使供应链处于透明的状态。将 RFID 技术应用于食品安全供应链，首先是建立完整、准确的食品供应链信息记录。借助 RFID 对物体的唯一标识和数据记录，将食品供应链全过程中的产品及其属性信息、参与方信息等进行有效的标识和记录。基于这一覆盖全供应链、全流程的数据记录和数据与物体之间的可靠联系，可确保"农场到餐桌"的食品来源清晰，并可追溯到具体的动物个体、农场、生产企业、操作人员，或者流通加工的任何中间环节。

（一）生产（种植、养殖）环节

在养殖业方面，在养殖产品活体身上加装 RFID 电子标签，将牲畜、水产品从养殖开始到养殖结束的所有信息进行记录，包括来源、品种、喂料信息、用药信息、疾病及治愈状况等。养殖场不仅可以监控养殖产品的健康状况，追查养殖产品患病或死亡原因，还可以利用 RFID 实现养殖产品的选育、繁殖、喂养等过程的科学化管理。

在农作物种植方面，使用 RFID 的田间伺服系统，记录农作物品名、品种、等级、尺寸、净重、收获期、农田代码、田间管理情况（土壤酸碱度、温湿度、日照量、降雨量、农药使用情况）等信息，实现科学化种植。

在食品溯源方面，在食品生产的源头使用 RFID 电子标签，为食品原料追溯提供源头数据，并为后续环节使用 RFID 提供物质基础。这不但保证了食品原料在源头上的安全性，而且可以实现科学化生产和管理。

（二）加工环节

加工企业在读取食品原料上的产地 RFID 信息后，根据其中的信息进行分类分级处理，确定食品加工方法、流程、参数及产品的形式，并将成品加工工艺及参数、加工工序员、加工时间、食品添加剂使用情况、保质期、储藏要求、包装重量和方式等数据写入电子标签。将批次管理变成单件实施管理，增加了生产加工过程的透明化。RFID 技术也可以用于对食品加工工位的确定和控制，保证对产品的精确加工。

（三）流通环节

在食品的流通环节，温度、湿度、光照度、震动程度等因素对食品品质影响很大，记录、分析这些数据就显得十分重要。

在流通环节，企业首先读取电子标签的信息，根据其信息内容决定食品的运输方式、运输设备、运输条件、运输要求、仓储方式、仓储条件及仓储时间等。

在运输方面，在必要的环节安装集成温度、湿度、震动程度等多种传感器的读写器设备，实时记录食品在流通环节的变化信息。比如，安装在车门后的读写器每隔一段时间就会读取车内食品货箱的电子标签信息，连同传感器信息一起发送至食品安全管理系统中记录。利用 RFID 标签和沿途安装的固定读写器跟踪运输车辆的路线和时间。

在仓储方面，在仓库进口、出口安装固定读写器，对食品的进出库自动记录。很多食品对存储条件有较高的要求，利用 RFID 标签中记录的信息迅速判断食品是否适合在某仓库存储，可以存储多久。仓库中的集成传感器的读写器按照一定时间间隔读取标签信息和记录环境信息，在出库时，利用 RFID 系统甚至可以改变传统"先入先出（First In First Out，FIFO）"的评估方法，根据流通中环境信息进行综合判断，安排更有可能变质的食品先发货，使库存管理更科学合理。另外，利用 RFID 还可以实现仓库的快速盘点。

（四）食品销售、消费环节

销售管理。在此环节，零售商通过食品上的电子标签的信息，获得食品在生产阶段、加工阶段、流通环节的信息，做出产品销售的时间、地点、方式、价格等决策，对产品实行准入管理，并往电子标签中添加相关记录。收款时，利用 RFID 标签比使用条形码能够更迅速地结算货款，减少顾客等待的时间。

保质期管理。食品一旦超过有效期或者变质，标签就会发出警告，以便零售商尽快将其撤下货架。Fresh Alert 公司将温度传感器和定时器内置于 RFID 标签中，从而能够在食品腐烂无法食用时发出信号。

补货管理。根据仓库和零售终端对 RFID 信息实时更新，这个系统还可以使生产商、零售商了解食品的畅销、滞销情况，实现及时补货，不仅改善库存，而且能对市场做出快速反应，满足消费者的需求。

跟踪和追溯管理。跟踪是指从供应链的上游至下游，跟随一个特定的单元或一批产品运行路径的能力。比如，对于水果蔬菜等农产品而言，跟踪是指从农场到零售店 POS（Point of Sale）跟踪蔬菜、水果的能力。追溯是指从供应链下游至上游识别一个特定的单元或一批产品来源的能力，即通过记录标识的方法回溯某个实体的来历、用途和位置的能力。对于水果蔬菜等农产品而言，追溯是指从零售店 POS 到农场追溯蔬菜、水果的能力。由于食品的生产、加工、运输、存储、销售等环节的信息都存在 RFID 标签中，消费者、监督部门可以通过有效的途径获得电子标签上的有关食品供应链所有环节的信息。

若发生食品质量安全事件，则可以通过该系统快速了解相关食品的流转情况，确定发生问题的环节，界定责任主体，并及时采取召回措施，最大限度减少消费者和企业的损失。例如，奥运食品安全信息系统可实现对奥运食品从生产到消费整个食品链的全程跟踪、追溯。奥运会期间，把就餐人的身份信息与消费的食品原材料信息进行关联后，实现精细化管理。就餐人员刷卡进餐厅就餐时，吃了哪些菜，通过胸卡识读设备能从所选菜谱、食品原料一直追溯到配送中心、生产加工企业乃至最终的养殖源头。从运动员餐桌到农田，哪个环节出了问题都会迅速查到。也就是说，通过一名就餐运动员的身份信息能最终追溯到这名运动员所吃食品的"源头"信息。

识别假冒伪劣食品。在识别假冒伪劣食品方面，与其他防伪技术如数字防伪、激光防伪等技术相比，RFID 技术的优点在于：每个标签都有一个全球唯一的 ID 号码，且无法修改和仿造；无机械磨损，防磁性、防污损和防水；RFID 的读写器具有不直接对最终用户开放的物理接口，保证其自身的安全性；读写器与标签之间存在相互认证的过程；且 RFID 能耐高温，使用寿命长，存储量也比较大，可大大提高伪造者造假的难度和成本。在把信息输入 RFID 标签的同时，通过网络把信息传送到公共数据库中，普通消费者或购买产品的单位，通过把商品的 RFID 标签内容和数据库中的记录进行比对，能够有效地帮助识别假冒产品。

第七章
农业农村信息化建设

第一节 农业信息监测平台

农业信息监测平台主要包括农业灾害预警、耕地质量监测、重大动植物疫情防控、农产品市场波动预测、农业生产经营科学决策以及农机监理与农机跨区作业调度。

一、农业灾害预警

农业灾害包含农业气象灾害、农业生物灾害以及农业环境灾害三部分，是灾害系统中最大的部门灾害。农业灾害的破坏作用是水、旱、风、虫、雹、霜、雪、病、火、侵蚀、污染等灾害侵害农用动植物、干扰农业生产正常进行、造成农业灾情的过程，也就是灾害载体与承灾体相互作用的过程。有些灾害的发生过程较长，如水土流失、土壤沙化等，称为缓发性灾害，大多数灾害则发生迅速，称为突发性灾害，如洪水、冰雹等。

农业灾害严重威胁了农业生产的正常顺利进行，对社会产生负面的效应。首先，对农户的生产生活造成了危害。其次，导致与农业生产相关的工业、商业、金融等社会经济部门受到影响。资金被抽调、转移到农业领域用于抗灾、救灾，扶持生产或用于灾后援助，解决灾区人民生活问题，因为其他部门的生产计划受到影响，不能如期执行；在建或计划建设项目被推迟、延期或搁置；社会经济处于停滞甚至衰退萧条的状态。最终影响到国家政权的稳定。综上所述，可以看出对农业灾害进行预警对于增强人们对农业灾害的认识，进一步提前制定相应的减灾决策以及防御措施，对保障社会效益具有重要意义。

二、耕地质量监测

耕地质量分为耕地自然质量、耕地利用质量和耕地经济质量三类，其主要内容为耕地对农作物的适宜性、生物生产力的大小（耕地地力）、耕地利用后经济效益的多少和耕地环境是否被污染四个方面。国土资源部通过耕地质量等级调查与评定工作，将全国耕地评定为15个质量等别，评定结果显示我国耕地质量等级总体偏低。

耕地质量监测是《中华人民共和国农业法》《中华人民共和国基本农田保护条例》等法律法规赋予农业部门的重要职责。为了实时掌握耕地质量变化情况及其驱动因素，并结合相应的整治措施以实现耕地质量的控制和提高，推进我国耕地质量建设、促进耕地的可持续利用.耕地质量监测成为不可或缺的重要环节。

三、重大动植物疫情防控

随着动植物农产品的流通日趋频繁，重大动植物疫情防控工作面临新的挑战，严重威胁着农业生产、农产品质量安全以及农业产业的健康发展。因此，将重大动植物疫情防控作为保障农民收入，加快农业经济结构调整，推进现代农业发展方式转变的重要任务具有重要意义。

对于动植物疫情防控工作，关键问题不是在具体的防疫工作和防疫技术上，而是在于动植物群体疫病控制的疫情信息分析上，否则将使"防—控—治—管"各个环节缺乏先导信息的指导，防控行为的时效性、有效性、协调性和经济效益等方面都受到极大影响。建立动植物疫情风险分析与监测预警系统，将动植物疫情监测、信息管理、分析与预警预报等集于一体，利用现代信息分析管理技术、计算机模拟技术、GIS技术、建模技术、风险分析技术等信息技术，从不同角度、不同层次多方面对疫病的发生、发展及可能趋势进行分析、模拟和风险评估，可以提出在实际中可行、经济上合理的优化防控策略和方案，为政府决策部门提供了有效的决策支持。这对于从根本上防控与净化重大动植物疫病，确保畜牧业、农业、林业的可持续发展，推进社会主义新农村建设具有重大的现实意义和深远的历史意义。

四、农产品市场波动预测

农产品市场价格事关民众生计和社会稳定。为避免农产品市场价格大幅度波动，应加强农产品市场波动监测预警。农产品市场价格受多种复杂因素的影响，使得波动加剧、风险凸显，预测难度加大。在我国当前市场主体尚不成熟、市场体系尚不健全、法制环境尚不完善等现状下，农业生产经营者由于难以对市场供求和价格变化做出准确预期，时常要面临和承担价格波动所带来的市场风险；农业行政管理部门也常常因缺少有效的市场价格走势的预判信息，难以采取有预见性的事前调控措施；消费者由于缺少权威信息的及时引导，在市场价格频繁波动中极易产生恐慌心理，从而加速价格波动的恶性循环。因此，建设农产品市场波动预测体系对促进农业生产稳定、农民增收和农产品市场有效供给具有重要意义。

五、农业生产经营科学决策

科学决策是指决策者为了实现某种特定的目标，运用科学的理论和方法，系统地分析主客观条件做出正确决策的过程。科学决策的根本是实事求是，决策的依据要实在。决策的方案要实际，决策的结果要实惠。

目前，我国农业生产水平较高，已摒弃了传统的简单再生产，农民对与农业生产经营的目标已由自给自足转向最求自身利益最大化。为此农民必须考虑自身种养殖条件、自身经济水平、所种植农产品的产量、农产品价格、相关政策等会对其收益造成的影响。但农民自身很难全面分析上述相关信息，并制定相应的农业生产经营决策。农业信息监测预警体系采用科学的分析方法对影响农民收入的相关信息进行分析，为农民提供最优的农业生产经营决策。合理的农业生产经营决策不仅有利于提高农民的个人收入，同时对于社会资源的有效配置、国家粮食安全均具有重要意义。

六、农机监理与农机跨区作业调度

农机监理是指对农业机械安全生产进行监督管理。跨区作业是市场经济条件下提高农机具利用率的有效途径，通过开展农机跨区作业，有力地促进机械化新技术、新机具的推广。

但是近年来，农业机械安全问题越来越突出，成为整个安全生产的焦点之一。由于外来的跨区作业队对当地的农业生产情况不了解，如何有序、高效安置各个跨区作业队的作业地点及作业时间，引导农机具的有序流动，做到作业队"机不停"，农户不误农时等问题均亟待解决。

农业信息监测预警系统通过对农业机械事故发生的规律进行分析，找出其内在隐患，进一步将隐患消除在萌芽状态；通过对当地农业种养殖现状进行分析，找出其最优作业实施流程，对于最终实现农业机械安全、优质、高效、低耗的为农业生产服务，提高农业机械化整体效益具有重要意义。

第二节 农村土地流转公共服务平台

农村土地流转其实是一种通俗和省略的说法，全称应该称为农村土地承包经营权流转。也就是说，在土地承包权不变的基础上，农户把自己承包村集体的部分或全部土地，以一定的条件流转给第三方经营。土地流转服务体系是新型农业经营体系的重要组成部分，是农村土地流转规范、有序、高效进行的基本保障。建立健全农村土地流转服务体系，需要做到以下几方面。

一、健全信息交流机制

信息交流机制是否健全有效，直接关系土地流转的质量和效率。当前，由于农民土地流转信息渠道不畅，土地转出、转入双方选择空间小，土地流转范围小、成本高，质量不尽如人意。政府部门应加强土地流转信息机制建设，适应农村发展要求，着眼于满足农民需要，积极为农民土地流转提供信息服务与指导；适应信息化社会要求，完善土地流转信息收集、处理、存储及传递方式，提高信息化、电子化水平。各地应建立区域土地流转信息服务中心，建立由县级土地流转综合服务中心、乡镇土地流转服务中心和村级土地流转服务站组成的县、乡、村三级土地流转市场服务体系。在此基础上，逐步建立覆盖全国的包括土地流转信息平台、网络通信平台和决策支持平台在内的土地流转信息管理系统。

二、建立政策咨询机制

农村土地流转政策性强，直接关系农民生计，必须科学决策、民主决策。为此，需要建立政策咨询机制，更好发挥政策咨询在土地流转中的作用。一是注重顶层设计与尊重群众首创相结合。土地流转改革和政策制定需要顶层设计，也不能脱离群众的实践探索和创造。要善于从土地流转实践中总结提炼有特色、有价值的新做法、新经验，实现政策的顶层设计与群众首创的有机结合。此外，农村土地流转涉及农民就业、社会保障、教育、卫生以及城乡统筹发展等方方面面的政策，需要用系统观点认识土地流转，跳出土地看流转，广泛征集和采纳合理建议，确保土地流转决策的科学性。二是构建政策咨询体系。建立土地流转专家咨询机构，开展多元化、社会化的土地流转政策研究；实现政策咨询制度化，以制度保证土地流转决策的专业性、独立性；完善配套政策和制度，形成一个以政策主系统为核心，以信息、咨询和监督子系统为支撑的土地流转政策咨询体系。

三、完善价格评估机制

　　土地流转价格评估是建立健全农村土地流转市场的核心，是实现土地收益在国家、村集体、流出方、流入方和管理者之间合理、公平分配的关键。因此，必须完善土地流转价格评估机制。一是构建科学的农地等级体系。农村土地存在等级、肥力、位置等的差异，不仅存在绝对地租，也存在级差地租。应建立流转土地信息库，对流转土地评级定等，制定包括土地级差收入、区域差异、基础设施条件等因素在内的基准价格。二是建立完善流转土地资产评估机构，引入第三方土地评估机构和评估人员对流转交易价格进行评估。三是制定完善流转土地估价指标体系。建立切合各地实际、具有较高精度的流转土地价格评估方法和最低保护价制度，确保流转土地估价有章可循。四是建立健全土地流转评估价格信息收集、处理与公开发布制度。信息公开、透明是市场机制发挥作用的前提。应建立包括流转土地基准价格、评估价格和交易价格等信息在内的流转土地价格信息登记册，反映流转价格变动态势，并通过电子信息网络及时公开发布。五是建立全国统一的流转土地价格动态监测体系，完善土地价格评估机制。

　　伴随着土地流转制度出台，加快了各地相继实施农地流转试点，就直接促进农村产权交易所的成立，为农地入市搭建平台，建立县、乡、村三级土地流转管理服务机构，发展多种形式的土地流转中介服务组织，搭建县乡村三级宽带网络信息平台，及时准确公开土地流转信息，加强对流转信息的收集、整理、归档和保管，及时为广大农户提供土地流转政策咨询、土地登记、信息发布、合同制定、纠纷仲裁、法律援助等服务。

第三节　乡村治理信息化

一、互联网＋政务服务

"互联网＋政务服务"是以人民为中心的发展思想，着力解决群众关心的痛点难点问题，建设一体化在线政务服务平台，打造人民满意的在线政务服务，推动政务服务从以政府供给为导向向以群众需求为导向转变。"互联网＋政务服务"建设，将实现从"线下跑"向"网上办""分头办""协同办"的转变，全面推进"一网通办"，为优化营商环境、方便企业和群众办事、激发市场活力和社会创造力、建设人民满意的服务型政府提供有力支撑。

（一）乡村政务服务"一网通办"

乡村政务服务"一网通办"是指实现政务服务网、移动终端、实体大厅等服务渠道线上线下融合互通，跨地区、跨部门、跨层级业务协同办理。构建"用户通、证照通、材料通、消息通、支付通、物流通"的一体化政务服务体系。乡村政务服务"一网通办"依托一体化在线政务服务平台。实现政务服务全覆盖，构建新常态下的政务服务一体化运行服务体系。

乡村政务服务"一网通办"通过规范网上办事标准、优化网上办事流程、整合政府服务数据资源，搭建统一的互联网政务服务总门户，推行政务服务事项网上办理，推动企业和群众办事线上只登录一次即可全网通办，逐步做到一网受理、只跑一次、一次办成。

（1）基层政务服务体系建设。政府建立完善窗口值守、承诺告知、收件分办、限时办结等工作机制，并聚焦市场、民政、卫生健康、就业、社保、残疾等领域和办事场景，在窗口设置、人员调配、帮办代办教办等方面进行试点，有力保障政务服务工作。

（2）基层政务服务能力建设。政府大力推进统一受理平台应用，让乡村政务服务事项全部入驻统一平台"综合窗口"受理，实现线上线下办事"全量汇聚、全量感知"。

（3）基层政务服务信息技术支撑。政府实施市域电子政务外网改造工程，重点调整优化乡村网络架构，实现集中管理、有效监督、安全提质，全面提升网络安全传输质量和监管服务水平。持续提升政务数据共享交换、统一受理等平台技术服务支撑能力，不断拓展和丰富各项服务功能，以实现汇聚全量实时政务服务办事数据和电子证照、申请材料数据等。

（二）乡村政务服务"最后一公里"

乡村政务服务"最后一公里"是指通过将政务服务延伸到基层，拓展到指尖，让群众办事少跑路甚至不跑路，节约群众办事成本，真正为群众提供方便、快捷、高效、优质的服务，推进政务服务综合能力提升。

乡村政务服务"最后一公里"的关键在于要对与群众生产生活密切相关的服务和便民事项进行流程优化和手续简化，并经过信息化、数字技术等手段，解决群众办事难的问题，实现"一站式"办理，增强群众的获得感。

（1）推行自助服务终端应用。政府积极拓展自助服务终端配套功能，开通社保、公积金、水费、快递等便民查询和医疗保险/

养老保险缴费、汽车购票、手机充值等便民服务。乡村政务服务与市政务服务受理平台全面对接，开通市、县、乡、村四级政务服务事项网上申请，身份证识别、申请材料扫描上传、打印申报成功回执单等一系列操作均可通过终端一次性完成，实现了乡村群众办理市、县两级事项"最多跑一次"。

（2）探索移动终端政务应用。政府宣传推广政务网站、移动应用，将政务网站、移动应用宣传推广触角延伸到基层，拓展政务服务平台服务功能的深度和覆盖范围，实现"村民办事不出村"，做到与群众生产生活密切相关的政务服务和便民事项"全部上线、全程在线"，积极引导群众使用"掌上办""指尖办"，切实提高工作效率，真正实现"办事不求人"。

二、法治乡村数字化

利用大数据、云计算等现代信息技术，构建"数字法治、智慧司法"工作体系，为农民群众提供精准化、精细化的公共法律服务，开展网络普法宣传教育。

（一）在线公共法律服务

通过"定时＋预约"的形式，借助律师便民联系卡、法律顾问服务群、移动终端等手段，实现法制宣传、法律服务、法律事务办理"掌上学""掌上问""掌上办"，为农村居民提供法律援助、司法仲裁、调解等法律服务。

（二）网络普法宣传教育

利用各级政府网站、公共文化资源服务平台等新媒体平台和免费热线，开展面向农村居民的普法宣传教育。

三、乡村自然灾害应急管理

为了提升自然资源动态监测预警能力，乡村自然灾害应急管理推进自然资源全要素综合监测，扩展自然资源动态巡查应用，充分运用大数据挖掘分析和深度学习技术，拓展业务覆盖的广度和应用的深度，推进乡村自然灾害隐患点可视化管理、精准统计、多维监测、智能分析和科学评估，实现地质灾害预警预报、远程会商、应急处置决策部署。

（一）提升综合风险监测预警能力

乡村自然灾害应急管理能力建设应充分运用大数据、云计算、5G 等新技术，逐步建设全覆盖、全领域、全方位、全过程的应急管理全方位感知网络，实现重点场所、区域和台风、暴雨、地质、森林等不同灾种全方位动态感知，推进重大危险源监测预警联网，努力实现实时监测、动态评估和及时预警，提高监测数据动态获取和更新的速度，提升乡村运行安全预警能力。

（二）完善预警信息发布体系

加快数字乡村预警信息发布和应急广播平台建设，充分利用智慧应急广播、移动指挥车、电视机顶盒、专用预警终端及手机App 等现代通信设备与各类新媒体发布灾害预警，实现应急信息分类型、分级别、分区域（省、市、县、镇、村）、分人群地有效精准传播，实现重点时段、重要地区人群的预警信息精细快速定向发布。完善预警信息快速发布和传播机制，聚焦"短临预警"，提高监测预警信息服务的时效性，有效打通信息发布"最后一公里"，让群众做好相应的应急防范措施。

（三）建设一体化应急管理平台

分级别、分区域建设应急管理平台，包括应急指挥调度、应急协同、应急专题等应用系统的建设，同时绘制包含农村地区山区地质灾害、平原防洪抗旱、林区森林防火等在内的农村应急作战数字化地图，建立应急事件预警、指挥调度、善后恢复等全过程工作规程。同时，建设的应急管理服务平台可以互联互通，实现信息的交互、硬件的共享。

四、乡村公共卫生安全防控

乡村公共卫生安全防控以基层卫生信息工程为基础，创新基层卫生信息管理的服务模式，推进基层卫生系统的信息化，加强基层医疗机构管理。基层卫生重点工作是整合现有资源，加强基层卫生管理信息平台建设，消除信息壁垒和"信息孤岛"，实现基层卫生管理信息跨机构、跨区域、跨领域互联互通、其建共享和业务协同。

数字乡村应充分运用大数据、云计算、5G等新技术，建立主动性的公共卫生防控体系，解决乡村地域广阔带来的人员管理不便、公共卫生事件发现滞后等问题，引导村民开展自我卫生管理和卫生安全防控，构筑乡村公共卫生安全数字化防御屏障。建立统一的突发事件风险监测与预警信息共享平台，及时向群众传达最新的公共卫生政策和突发公共卫生事件进展等信息。

省级层面负责建设健康医疗大数据中心，实现跨业务系统数据融合，有效整合医疗运营的各类信息资源，实现医疗运营领域的全方位监测。整合公安、消防、医疗等领域的信息资源，通过多样化分析手段，实现全方位、立体化的公共卫生安全态势监测，提升综合疾病防控能力和公共卫生安全保障能力。

县级层面负责建设公共卫生信息采集平台，对医院、学校、村镇集市等重点防控区域的突发公共卫生事件进行实时监测。基于网格对重点区域的人员、物资等进行信息联动，综合监测重点区域的实时态势，对接地理信息系统和疾控、医疗、消防、应急等多部门现有的业务系统，对重点人员的数量、流向、地域分布、行动轨迹等信息进行可视化分析和研判。

第四节 农产品电子商务系统

一、电子商务系统的构成

农业电子商务是指利用现代信息技术（互联网、计算机、移动通信终端、多媒体等）为从事涉农领域的生产经营主体提供在网上完成产品或服务的销售、购买和电子支付等业务交易的过程。农业电子商务系统是电子商务系统的一个重要分支，其交易内容是涉农物资及信息。

电子商务系统是由基于 Intranet（企业内部网）基础上的企业管理信息系统、电子商务站点和企业经营管理组织人员组成。

（一）企业内部网络系统

当今时代是信息时代，而跨越时空的信息交流传播是需要通过一定的媒介来实现的，计算机网络恰好充当了信息时代的"公路"。计算机网络是通过一定的媒体如电线、光缆等媒体将单个计算机按照一定的拓扑结构联结起来的，在网络管理软件的统一协调管理下，实现资源共享的网络系统。

根据网络覆盖范围，一般可分为局域网和广域网。由于不同计算机硬件不一样，为方便联网和信息共享，需要将 Internet 的联网技术应用到 LAN 中组建企业内部网（Intranet），它的组网方式与 Internet 一样，但使用范围局限在企业内部。为方便企业同业务紧密的合作伙伴进行信息资源共享，为保证交易安全在 Internet 上通过防火墙（Fire Wall）来控制不相关的人员和非法人员进入企业网络系统，只有那些经过授权的成员才可以进入网络，一般将这种网络称为企业外部网（Extranet）。如果企业的信息可以对外界进行公开，那么企业可以直接连接到 Internet 上，实现信息资源最大限度的开放和共享。

企业在组建电子商务系统时，应该考虑企业的经营对象是谁，如何采用不同的策略通过网络与这些客户进行联系。一般说来，将客户可以分为三个层次并采取相应的对策，对于特别重要的战略合作伙伴关系，企业允许他们进入企业的 Intranet 系统直接访问有关信息；对于与企业业务相关的合作企业，企业同他们共同建设 Extranet 实现企业之间的信息共享；对普通的大众市场客户，则可以直接连接到 Internet。由于 Internet 技术的开放、自由特性，在 Internet 上进行交易很容易受到外来的攻击，因此企业在建设电子商务时必须考虑到经营目标的需要，以及保障企业电子商务安全。否则，可能由于非法入侵而妨碍企业电子商务系统正常运转，甚至会出现致命的危险后果。

（二）企业管理信息系统

企业管理信息系统是功能完整的电子商务系统的重要组成部分，它的基础是企业内部信息化，即企业建设有内部管理信息系统。企业管理信息系统是一些相关部分的有机整体，在组织中发挥收集、处理、存储和传送信息，以及支持组织进行决策和控制。企业管理信息系统的最基本系统软件是数据库管理系统 DBMS（Database Management System），它负责收集、整理和存储与企业经营相关的一切数据资料。

从不同角度，可以对信息系统进行不同的分类。根据具有不同功能的组织，可以将信息系统划分为营销、制造、财务、会计和人力资源信息系统等。要使各职能部门的信息系统能够有效地运转，必须实现各职能部门信息化。例如，要使网络营销信息系统能有效运转，营销部门的信息化是最基础的要求。一般为营销部门服务的营销管理信息系统主要功能包括：客户管理、订货管理、库存管理、往来账款管理、产品信息管理、销售人员管理以及市场有关信息收集与处理。

根据组织内部不同组织层次，企业管理信息系统可划分为四种信息系统：操作层、知识层、管理层、战略层系统。操作层管理系统是支持日常管理人员对基本经营活动和交易进行跟踪和记录，如销售、接受、现金、工资、原材料进出、劳动等数据。系统的主要原则是记录日常交易活动解决日常规范问题，如销售系统中今天销售多少，库存多少等基本问题。知识层系统是用来支持知识和数据工作人员进行工作，帮助公司整理和提炼有用信息和知识。信息系统可以减少对纸张依赖，提高信息处理的效率和效用，如销售统计人员进行分析和统计销售情况，供上级进行管理和决策使用，解决的主要是结构化问题。管理层系统设计是用来为中层经理的监督、控制、决策以及管理活动提供服务，管理层提供的是中期报告而不是即时报告，主要用来管理业务进行如何、存在什么问题等，充分发挥组织内部效用，主要解决半结构化问题。战略管理层，主要是注视外部环境和企业内部制订和规划的长期发展方向，关心现有组织能力能否适应外部环境变化，以及企业的长期发展和行业发展趋势问题，这些通常是非结构化问题。

(三) 电子商务站点

电子商务站点是指在企业 Intranet 上建设的具有销售功能的，能连接到 Internet 上的 WWW 站点。电子商务站点起着承上启下的作用，一方面它可以直接连接到 Internet，企业的顾客或者供应商可以直接通过网站了解企业信息，并直接通过网站与企业进行交易。另一方面，它将市场信息同企业内部管理信息系统连接在一起，将市场需求信息传送到企业管理信息系统，然后，企业根据市场的变化组织经营管理活动；它还可以将企业有关经营管理信息在网站上进行公布，使企业业务相关者和消费者可以通过网上直接了解企业经营管理情况。

企业电子商务系统是由上述三个部分有机组成的，企业内部网络系统是信息传输的媒介，企业管理信息系统是信息加工、处理的工具，电子商务站点是企业拓展网上市场的窗口。因此，企业的信息化和上网是一复杂的系统工程，它直接影响着整个电子商务的发展。

（四）实物配送

进行网上交易时，如果用户与消费者通过 Internet 订货、付款后，不能及时送货上门，便不能实现满足消费者的需求。因此，一个完整的电子商务系统，如果没有高效的实物配送物流系统支撑，是难．以维系交易顺利进行的。

（五）支付结算

支付结算是网上交易完整实现的很重要一环，关系到购买者是否讲信用，能否按时支付；卖者能否按时回收资金，促进企业经营良性循环的问题。一个完整的网上交易，它的支付应是在网上进行的。但由于目前电子虚拟市场尚处在演变过程中，网上交易还处于初级阶段，诸多问题尚未解决，如信用问题及网上安全问题，导致许多电子虚拟市场交易并不是完全在网上完成交易的，许多交易只是在网上通过了解信息撮合交易，然后利用传统手段进行支付结算。在传统的交易中，个人购物时支付手段主要是现金，即一手交钱一手交货的交易方式，双方在交易过程中可以面对面地进行沟通和完成交易。网上交易是在网上完成的，交易时交货和付款在空间和时间上是分割的，消费者购买时一般必须先付款后送货，可以采用传统支付方式，亦可以采用网上支付方式。

上述五个方面构成了电子虚拟市场交易系统的基础，他们是有机结合在一起的，缺少任何一个部分都可能影响网上交易顺利进行。Internet 信息系统保证了电子虚拟市场交易系统中信息流的畅通，它是电子虚拟市场交易顺利进行的核心。企业、组织与消费者是网上市场交易的主体，实现其信息化和上网是网上交易顺利进行的前提，缺乏这些主体，电子商务失去存在意义，也就谈不上网上交易。电子商务服务商是网上交易顺利进行的手段，它可以推动企业、组织和消费者上网和更加方便利用 Internet 进行网上交易。实物配送和网上支付是网上交易顺利进行的保障，缺乏完善的实物配送及网上支付系统，将阻碍网上交易完整的完成。

二、电子商务系统的功能

企业通过实施电子商务实现企业经营目标，需要电子商务系统能提供网上交易和管理等全过程的服务。因此，电子商务系统应具有广告宣传、咨询洽谈、网上订购、网上支付、电子账户、服务传递、意见征询、业务管理等各项功能。

(一) 网上订购

电子商务可借助 web 中的邮件或表单交互传送信息，实现网上的订购。网上订购通常都在产品介绍的页面上提供十分友好的订购提示信息和订购交互格式框。当客户填完订购单后，通常系统会回复确认信息来保证订购信息的收悉。订购信息也可采用加密的方式使客户和商家的商业信息不会泄漏。

(二) 货物传递

对于已付了款的客户应将其订购的货物尽快地传递到他们的手中。若有些货物在本地，有些货物在异地，电子邮件将能在网络中进行物流的调配。而最适合在网上直接传递的货物是信息产品，如软件、电子读物、信息服务等。它能直接从电子仓库中将货物发到用户端。

（三）咨询洽谈

电子商务借助非实时的电子邮件、新闻组和实时的讨论组来了解市场和商品信息，洽谈交易事务，如有进一步的需求，还可用网上的白板会议来交流即时的图形信息。网上的咨询和洽谈能超越人们面对面洽谈的限制，提供多种方便的异地交谈形式。

（四）网上支付

电子商务要成为一个完整的过程，网上支付是重要的环节。客户和商家之间可采用多种支付方式，省去交易中很多人员的开销。网上支付需要更为可靠的信息传输安全性控制，以防止欺骗、窃听、冒用等非法行为。

（五）电子银行

网上的支付必须要有电子金融来支持，即银行、信用卡公司等金融单位要为金融服务提供网上操作的服务。

（六）广告宣传

电子商务可凭借企业的 web 服务器和客户的浏览，在 Internet 上发布各类商业信息。客户可借助网上的检索工具迅速地找到所需商品信息，而商家可利用网页和电子邮件在全球范围内做广告宣传。与以往的各类广告相比，网上的广告成本最为低廉，而给顾客的信息量却最为丰富。

（七）意见征询

电子商务能十分方便地采用网页上的"选择"、"填空"等格式文件来收集用户对销售服务的反馈意见。这样，使企业的市场运营能形成一个封闭的回路。客户的反馈意见不仅能提高售后服务的水平，更能使企业获得改进产品、发现市场的商业机会。

（八）业务管理

企业的整个业务管理将涉及人、财、物多个方面，如企业和企业、企业和消费者及企业内部等各方面的协调和管理。因此，业务管理是涉及商务活动全过程的管理。

三、农产品电子商务的特点

农产品电子商务是一种全新的农产品交易模式，是指在农产品生产加工与销售配送过程中全面导入电子商务系统，利用信息技术与网络技术，在网上进行信息的收集、整理、传递与发布，同时依托生产基地与物流配送系统，在网上完成产品或服务的购买、销售和电子支付等业务的过程。它充分利用互联网的易用性、实用性、广域性和互通性，实现了快速高效的网络化商务信息交流与业务交易活动。

基于电子商务（简称电商）环境下的农产品供应链的优势主要表现在：

（一）减少了农产品的流通环节，降低了流通成本

我国农产品的流通主要是以批发市场的分销为主，整条供应链较长，环节众多。每条供应链一般都会有 5～7 个环节，有的甚至更多。众多中间商的存在，使得各环节分散经营，整条供应链中的物流、信息流等很难进行专业化的运作，流通成本大大增加；环节与环节进行衔接时容易出现问题，容易给整条供应链带来更大的风险。农产品电子商务的出现使产销之间的直接沟通成为可能，通过电子商务平台，农产品生产者可以在不经过任何中间商的情况下直接获得其消费者的订单，农产品的流通环节直接减少到了生产者—消费者两个环节，从中节省的交易成本和提高的效率使产销双方共同受益。

（二）协调了供应链上的信息流，促进了农产品供应链的信息共享

由于缺乏系统化的农产品信息收集、整理、发布体系，传统的农产品供应链信息流通不畅，常常因为生产者和消费者农产品

供求和价格的信息不对称，市场上出现"买难"和"卖难"问题。在电子商务环境下，网络平台将农产品供应链上的各环节紧密地联系在一起，农户、农产品供应商、农产品经销商、消费者之间的信息系统实现无缝衔接。农户可以根据交易平台上消费者的购买情况安排自身的生产，农产品的生产企业和销售企业可以在信息沟通方面实现"零时滞"。而从消费者角度，消费者通过计算机就能找到自身所需的商品，还可以与其他商品进行比较，挑选最满意的商品。

（三）扩展农产品销售渠道

我国幅员辽阔，地大物博，农产品种植呈现出分散性的特点，地域性很强，比如新疆是我国水果的主产区，甘肃盛产土豆，但是由于销售半径比较小，当生产者很难获得准确的需求信息时，就容易导致区域性结构过剩，出现"卖难"的问题。"卖难"问题的出现给农民带来了极大的损失，降低了农民生产的积极性，对农业产业化产生不利的影响。农产品电子商务的出现在一定程度上缓解了"卖难"问题的产生，其跨越了地域对于农产品销售的限制，大大扩大了农产品的销售半径，主产区的农产品销售不再局限于本地市场或者其他地区的订单，企业只需连入 internet 的终端即可将其生产经营的农产品延伸到全国各地，甚至销售到国外。

四、农产品电子商务交易平台

电子商务交易平台不仅沟通了买卖双方的网上交易渠道，大幅降低了交易成本，还开辟了电子商务服务业的一个新的领域。加强电子商务交易平台的服务规范，对于维护电子商务交易秩序、促进电子商务健康发展，具有非常重要的作用。

（一）电子商务平台的模式

电子商务平台的模式目前我国有企业自有电子商务平台模式、依托第三方电子商务平台模式以及企业之间网络联盟电子商务平台模式。企业自身搭建的电子商务平台如京东商城、苏宁等，它适用于自身的信息化基础好，企业规模较大、产品种类较多，而且客户群体较大的企业。企业自有电子商务平台通常应具备信息查询、信息发布、在线洽谈、在线交易、物流配送服务、售后服务、在线支付以及其他相关链接信息等功能。

第三方电子商务平台如拼多多、淘宝网等，适用于中小企业以及个人，依托第三方公共电子商务平台提供的信用、支付、物流以及信息服务开展电子商务，同时享受到专业化的增值服务，在企业发展的起始阶段能够低成本快速开展业务。第三方电子商务平台是跨行业的、具有开放性、服务水平较高的电子商务系统，该模式最为基本的功能就是要在企业之间、企业与消费者之间搭建双方信息沟通的桥梁。因此，该模式首先要求交易双方进行注册为会员，或者通过缴纳会员费成为会员，之后在网上发布自己的采购或者销售信息。其次，及时提供相关的行业信息。再次，提供电商配套服务以满足客户进行交易的需求，比如签订电子合同、网上支付功能等。最后，管理客户提供信用参考，包括进行网上交易管理、合同文件管理和客户资料信息管理等。能够根据客户资料进行数据分析，对其信用等级进行区分，为其他客户与其交易提供参考和借鉴。

企业之间网络联盟电子商务平台即企业之间进行信息共享和供应链管理，以提高客户关系管理水平，更适合在一个区域范围内的特定行业内部进行电子商务平台建设，从而实现行业上、下游之间的共同发展，实现整个供应链网络联盟业务。该模式的开放性较高，兼容性较强，灵活度较高，适合在全国范围内进行全行业链管理的企业，包括材料采购、产品设计、生产加工、包装、分销、运输、零售、市场开拓以及售后服务类型的企业。企业联盟电子商务平台首先应该具备技术联盟功能，指通过技术使得平台具备良好的扩展性，使得同一产业价值链上的不同企业能够加入该电子商务平台，并且对相关信息进行资源共享。其次，应该具备应用联盟功能，指企业之间的电子商务平台要包括交易、供应链管理以及客户关系管理的功能，帮助企业共同构建一个虚拟的、联盟的行业市场。最后，需要具备服务联盟功能，指通过企业的联盟，使得一个行业的上中下游供应商、生产商和销售商能够联合在一起，形成一个原材料供应、商品生产以及销售为一体的可随时扩容的链条。

(二) 农产品电子商务平台建设基本原则

1. 满足农户需求

农产品网站的建设应从深入了解农户和相关农产品企业开始，从客户的角度分析和设计。认真分析客户需要什么，网站能帮助他们什么；客户希望网站和他们建立一种什么样的关系；客户真正会为什么样的产品和服务来付款。通过创新的利益和服务为网站客户增加价值，以吸引农户和相关企业，最终实现网站的盈利。

2. 网站便于操作，农产品可追溯

农业网站栏目应齐全、风格简洁明快，信息分类便于农户操作访问。农产品信息（包括品种、数量、价格、品质、产地、农民合作组织、农产品经纪人等）应及时发布并实时更新，形成完善的农产品信息传播系统。利用电子商务方式进行营销，消费者通过网络订购，每一笔订单都有编码，订单编码和产品可追溯，农产品通过网站物流直接送达消费者。订单农产品的生产、流通、销售的各个节点都受到监控，一旦发生农产品安全问题能及时找到相关环节进行问责。

3. 农产品品牌化和标准化有助于产品树立优质形象

农产品的品牌化和标准化不仅有助于提升农产品形象，而且有助于规范农产品种植与销售的混乱行为，同时也为农产品的电子商务提供了便利。农产品一方面开展地理标志品牌化制度建设，另一方面应开展绿色鲜活农产品认证、HACCP 认证等标准化制度建设，如此主要农产品品种能逐步实现从种植到包装的标准化、产品地理标志品牌化。制定农产品规范的种植技术，使农业全程生产推进标准化生产和管理。为适应激烈市场竞争，在制定和实施农产品加工、包装、检测、分级标准时按照统一择优原则，突出农产品品质和外观。

第五节　乡村公共服务信息化

一、乡村教育信息化

（一）乡村学校信息化

由于乡村学校特殊的地理位置，教育环境相较于城镇学校落后。随着互联网在农村的普及和发展，乡村的学校里逐渐有了计算机房，教室里配备了多媒体设备，例如，投影仪、电子屏、计算机等，打造了简易的多媒体教室。"互联网＋教育"模式在乡村展开，丰富了乡村学校的课程。

"互联网＋教育"为乡村学校打开了一扇新的教育大门，改变了传统的"围墙"式教育，为师生提供了一个开放式的学习平台，突破了时间和空间的限制，弥补了乡村教育的"消息鸿沟""地域鸿沟"和"数字鸿沟"。互联网可以让乡村学校体验到城市学校的教育资源，学生可以在课堂内外学习到丰富的网络课程，老师有更全面的备课资源，授课方式也更加智能化，有效地提升了教学质量和水平，推动乡村教育的创新。

"互联网＋教育"改变了乡村学校的教育模式，改变了老师和学生的角色定位，二者的界限不再严格分明。在传统的乡村教育模式中，教师和教材是知识的来源，具有极大的权威性。学生是知识的接收者，教师在课堂中扮演主导角色，控制课堂的发展，学生接受知识非常被动。"互联网＋教育"在乡村的应用，可以让学生自主获取教材知识，同时开阔眼界。在这种模式下，教师既是教育教学的研究者、知识的传播者，同时也是一个"学生"，也需要不断补充丰富与教材相关的知识。学生能够随时随地独立自主学习，自己制订学习计划，对学习结果进行自我评估，在课堂上提出更多的问题与教师探讨，在交流中成长。学生借助互联网可以看到外面的世界，看一看资讯、搜一搜时事、查一查史实，获取知识的方式不再只局限于教师的讲解，而是在此基础上有了自己的体会，例如，可以了解每篇课文的写作背景，从而体会到作者的心路历程。借助互联网，教师上课的方式也发生了转变，其授课形式多样化，与学生的互动性增强，师生之间的联系更加紧密。

（二）乡村远程教育

1. 学校远程教育

远程教育是学生与教师、学生与教育组织之间主要采取多媒体方式进行系统教学和通信联系的教育形式，是将课程传送给校园外的一处或多处学生的教育。在这种模式中，教师在主讲教室真实地讲课，讲课的画面可以通过互动录播系统实时传送到远端听课教室的互动大屏中；主讲教室内通过交互显示屏显示本地画面（教师画面、计算机画面）、远端教学点画面、互动输出画面和学生答题画面，方便教师实时把控整个课堂的进程，了解授课效果；教师可以通过交互录播系统与同学进行在线实时互动，真正实现教师与学生即时互动与学习交流。在互动过程中，教师可以实时观察远端听课的学生，与学生实时交流，为学生答疑解惑，让乡村学生享受到优质的教育资源。

对于教师来说，其可通过视频会议开展日常教研活动，在学校间、区域间互相交流经验，达到提高自身教学水平的目的。为了不流于形式，要将活动普及化，通过平台灵活快速地组织教师们进行评课和观摩，也可以让地区教育部门及校领导了解乡村教师的日常教学情况。

2. 居民远程教育

远程教育同样适用于村民。远程教育可以推动村级党组织的组织力提升，可以作为农村党员干部新的学习形式，加强宣传教育和管理服务，不断推进党员远程教育工作范围广覆盖、形式多样化、内容"接地气"。

远程教育也可以聚力村级集体经济高质量发展，推动产业振兴，吸引人才返乡，推动人才振兴，逐渐形成"远程教育＋人才振兴、远程教育＋产业振兴"模式。指导各村结合实际情况，修订完善本村的产业规划，采用群众一听就懂、一看就会的方式进行学习，例如，可将种养大户发展为远程教育示范户，传授致富经验，帮助村民发展产业，不断提升远程教育工作整体水平及学习和使用的效果，增强群众致富本领，为产业振兴注入一剂强有力的助推剂。

近年来，乡村的农业、种植业、渔业等产业发展迅速，各种现代化设备不断应用到这些产业中。村民可以通过远程教育学习新的知识，学习设备的使用方法，也可以通过视频会议远程进行技术培训，更快地融入信息化的潮流。

二、乡村医疗信息化

（一）农村医疗机构信息化

运用基础信息通信网络、信息化医疗设备等，打通省、县、村三级医疗机构的信息流通渠道，为实现远程医疗、分级诊疗等"互联网＋医疗健康"模式提供基础保障。省级层面建设基层医疗卫生机构信息系统，将信息系统与相关条线业务管理系统进行整合，实现省、县、村医疗卫生机构的信息互通。指导电信运营商在农村基层医疗机构延伸覆盖高速宽带网络。县级层面推进乡村卫生院等机构的信息化建设，接入省级基层医疗卫生机构信息系统，实现与省医院和县医院的数据连通。以县级医院为龙头，鼓励联合辖区基层医疗机构建立"一体化"管理的县域医共体。建立县域内开放共享的影像、心电、病理诊断、医学检验、消毒供应和医疗废物垃圾处理等中心，打通县域内各医疗卫生机构信息系统，实现县域内医疗卫生机构之间信息互联互通、检查资料和信息实时共享，以及检验、诊断结果互认。

农村医疗机构信息化的主要形式包括村医工作站、人工智能（Artificial Intelligence，AI）移动医生系统等。

1. 村医工作站

村医工作站展示村医最近的工作内容（例如每日门诊量、用药情况等），方便医生快速定位当前的工作与重点工作；对门诊挂号、诊中患者、诊后患者管理进行集中展示，快速定位患者信息，完成智慧化的接诊管理；支持多模态录入患者病历信息，例如，智能问诊、联想输入等。在所有病历信息录入完成后，AI 智能地对患者病历信息进行质检，并对规范的病历做诊断质检、诊断推荐。AI 的深入运用，提高了基层的诊疗质量，也可以使医生根据患者症状，为患者开具相应的药方或开展相应的治疗，并生成收费单据。便捷的收退费管理方式帮助村医以更现代化、科学化、规范化的手段来加强管理，从而提高工作效率。

2. AI 移动医生系统

AI 移动医生系统主要通过可移动的手机端进行医院事务的管理，通过多种方式登录系统，进行海量药品、疾病字典、教科书指南资源等的医学检索，同时支持患者历史病历查询等功能。AI 移动医生系统也可以利用全能智能语音助手进行查询、统计、提醒、日常问答；通过 360 度视图，进行患者全景诊疗数据展示，方便医生掌握患者的个人信息、就医历史、检查检验结果等全方位的信息。

（二）乡村远程医疗

远程医疗是指通过计算机技术、通信技术与多媒体技术，同医疗技术相结合，旨在提高诊断与医疗水平、降低医疗开支、满足广大人民群众保健需求的一项全新的医疗服务。城市地区医疗机构利用远程通信技术，为乡村居民提供远程专家会诊、辅助开药等医事服务，对基层医生提供远程指导与教学等服务。

1. 远程专家会诊

在我国大部分医院，远程医疗主要由远程专家会诊系统这一综合性的系统来支撑。该系统能够提供远程医疗的大部分服务，包括远程会诊管理、病历资料采集、远程专科诊断、远程监护、视频会议、远程教育、远程数字资源共享、双向转诊及远程预约等。基于网络医院平台或 APP，乡村基层医生可以"一键申请"远程会诊，在两级专家远程"手把手"指导下，为患者进行诊断和开具处方。

2. 远程培训与指导

借助远程医疗服务平台，省级医院的专家教授通过直播授课、直播互动等方式对偏远地区基层医生进行远程教学，指导基层医生进行临床诊疗。基层医生也可主动通过平台开展病例讨论、手术观摩等，打造基层医生进修的"云课堂"。

省级层面建设远程医疗业务网，连接省级远程医疗管理平台、省级远程医疗中心、县级远程医疗中心、乡镇卫生院和有条件的村卫生室远程医疗点等，实现视频、影像、电子病历等远程医疗业务数据的传输和共享。在省、市、县三级医疗机构建立多个专科远程诊断或会诊中心，向全省县级和基层医疗机构提供急危重症、疑难病症、专科医疗的远程医疗服务，并承担远程医学培训和突发公共卫生事件、紧急医疗救援任务的远程支持。

县级层面推进建立县级远程医疗中心，配置病历资料、体征数据采集、视音频实时传输、会诊管理等软硬件设备，接入省级远程医疗平台。乡镇卫生院远程医疗点配备远程问诊（会诊终端）、影像、心电采集和传输设备，接入远程医疗平台，通过互联网络，接受上级远程医疗诊断服务，在上级医生的指导下提供慢性病管理、康复、家庭护理等服务。鼓励有条件的村卫生室开展远程医疗试点，配备远程问诊或会诊终端。

三、乡村智慧养老

（一）什么是智慧养老

智慧养老是在全国智慧城市建设的背景下提出来的，是指利用信息技术等现代科技技术（如互联网、社交网、物联网、移动计算等），围绕老人的生活起居、安全保障、医疗卫生、保健康复、娱乐休闲、学习分享等各方面支持老年人的生活服务和管理，对涉老信息自动监测、预警甚至主动处置，实现这些技术与老年人的友好、自助式、个性化智能交互。

（二）智慧养老的优势

我国养老服务总体需求量大、种类多，尚未形成围绕老年人需求的全面服务体系，需要从物质、精神、服务、政策、制度和体制等方面进行创新。通过建立一种新型的养老服务模式，为老年人提供及时、便捷、专业化、人本化、全方位的健康服务，促进养老服务产业的发展。

作为按技术支撑水平分类中目前最高级的养老模式，智慧养老具有传统养老模式所不具有的如下优势。

1. 科技领先

智慧养老体现了信息科技的集成。它融合了老年服务技术、医疗保健技术、智能控制技术、计算机网络技术、移动互联技术以及物联网技术等，使这些现代技术集成起来支持老人的服务与管理需求。

2. 人性化

智慧养老体现了以人为本的思想。它把老年人的需求作为出发点，通过高科技的技术、设备、设施以及科学、人性化的管理方式，让老年人随时随地都能享受到高品质、个性化的服务。

3. 优质高效

智慧养老体现了优质高效。它通过应用现代科学技术与智能化设备，提高服务工作的质量和效率，同时又降低了人力和时间成本，用较少的资源最大限度地满足老年人的养老需求。这些智能设备通过相应的适老化设计，可以完成人工不愿做、人工做不好、甚至人工做不了的为老服务，为求解未富先老和无人养老（主要指没有人愿意做护理人员）两个困局提供了思路和实现方式。

（三）智慧养老远程看护服务

智慧养老远程看护服务系统不仅可以为老人提供更好的照顾，

同时也可以减轻家庭照顾负担，提高老人的生活质量。

1. 实时监控

智慧养老远程看护服务系统可以通过安装摄像头、传感器等设备，实时监控老人的生活状况。这样，家属和看护人员可以随时了解老人的情况，及时发现异常情况并采取相应措施。系统还可以记录老人的行为习惯，比如起床时间、吃饭时间等，为老人提供更加个性化的服务。

2. 医疗服务

智慧养老远程看护服务系统还可以提供医疗服务。通过视频通话等方式，老人可以随时与医生进行沟通，咨询健康问题，并得到专业的建议和治疗方案。系统还可以为老人预约医院、开具处方、送药上门等，为老人提供更加便捷的医疗服务。

3. 社交互动

智慧养老远程看护服务系统可以为老人提供社交互动的平台。老人可以通过系统与其他老人、家人、朋友进行视频通话、文字聊天等，分享生活经验、交流感受，缓解孤独感。系统还可以为老人提供各种娱乐活动，比如听音乐、看电影、玩游戏等，丰富老人的生活。

4. 安全保障

智慧养老远程看护服务系统可以为老人提供安全保障。比如，系统可以通过智能门锁、烟雾报警器等设备，确保老人的居住环境安全。系统还可以为老人提供紧急救援服务，比如老人不慎摔倒、突发疾病等情况，系统会自动向家属、医生等发送警报，确保老人得到及时救援。

四、乡村文化资源数字化

乡村文化资源数字化主要包括农村数字博物馆建设、农村文物资源数字化、农村非物质文化遗产数字化等，通过信息技术采集农村风土民情、非遗资源、文物遗址等文化资源信息，以数字化形式进行资源存储、管理、分析、利用、展示，实现乡村传统文化的保护与网上广泛传播。

（一）农村数字博物馆建设

我国传统村落的物质或非物质文化遗产都具有一定的历史价值、文化价值、艺术价值和经济价值，是农耕文明集体记忆的见证。我国历史文化名镇名村保存的文物特别丰富，具有重大历史价值或纪念意义，能比较完整地反映一些历史时期的传统风貌和地方民族特色。这些是我国优秀传统文化的凝结，利用数字技术"复现"乡村文化，既能有效助推艺术创作和乡村文化的新表达，又能为乡村旅游注入新活力。

进入信息化时代，以数字空间为基础的数字博物馆应运而生。数字博物馆是运用虚拟现实技术、三维图形图像技术、计算机网络技术、立体显示系统、互动娱乐技术、特种视效技术等高科技手段，将现实存在的实体博物馆以三维立体的方式完整地呈现在网络上的博物馆。农村数字博物馆通过信息技术手段对传统村落资源进行挖掘、梳理、保存、推广，以网站、App、微信小程序等形式建设数字博物馆平台，集中展示村落的自然地理、传统建筑、村落地图、民俗文化、特色产业等。

1. 中国传统村落数字博物馆建设

从 2012 年 12 月到 2023 年 3 月，我国先后分 6 批将 8155 座村落列入《中国传统村落名录》。针对入选《中国传统村落名录》的村庄，依托中国传统村落数字博物馆平台，建设传统村落单馆，以文字、图片、影音、三维实景、全景漫游等形式，集中展示传统村落的概况、历史文化、环境格局、传统建筑、民俗文化、美食特产、旅游导览等信息。

2017年，住房和城乡建设部办公厅印发《关于做好中国传统村落数字博物馆优秀村落建馆工作的通知》，正式启动中国传统村落数字博物馆建设工作。2018年9月，"中国传统村落数字博物馆"（计算机端）正式上线，这是全国首个以数字影像的方式全方位、多角度记录村落文化遗产的官方平台。截至2020年，近400座村落实现全景网络漫游，展示内容包括100万字以上的文字介绍、56万张以上的图片、1.6万分钟的音视频，覆盖4.3万栋以上的传统建筑和7500项以上的非物质文化遗产数据。截至2021年，全国传统村落单馆数量达513个，实现全国除港澳台之外的31省（自治区、直辖市）、全覆盖，6819座传统村落都拥有了自己的二维码，配上了"身份证"，线下也可"扫一扫、尽知晓"。

2. 历史文化名镇名村数字博物馆建设

历史文化名镇名村是我国城乡文化遗产体系的重要组成部分，2008年实施的《历史文化名城名镇名村保护条例》将历史文化名镇名村列为法定保护对象。截至2022年8月，由住房和城乡建设部联合国家文物局共同公布了七批799处中国历史文化名镇名村，其中中国历史文化名镇312处、中国历史文化名村487处。以各级历史文化名镇名村为核心载体的历史镇村体系不仅具有突出的历史文化价值与风貌特色，而且也是"乡愁"记忆的重要载体，尤其是特色少数民族村落成为文化旅游的目的地，是全域旅游发展新的增长点，吸引了大量的游客，逐步成为乡村振兴与区域协同发展的基石，其活化利用的意义逐渐凸显。

2019年5月，中共中央办公厅、国务院办公厅印发的《数字乡村发展战略纲要》明确提出"建立历史文化名镇名村和传统村落数字文物资源库、数字博物馆，加强农村优秀传统文化的保护与传承"的总体战略要求。2021年9月，中共中央办公厅、国务院办公厅在《关于在城乡建设中加强历史文化保护传承的意见》中对各级各类城乡文化遗产的数据化管理也指明了方向："加强对城乡历史文化遗产数据的整合共享，提升监测管理水平。"2022年1月，中央网信办、农业农村部、国家发展改革委等十部门印发的《数字乡村发展行动计划（2022—2025）》要求开展"乡村网络文化振兴行动"重点任务，并明确了"推进乡村文化资源数字化，加快推进历史文化名镇、名村数字化工作，完善中国传统村落'数字博物馆'"等一系列行动要求。

针对入选中国历史文化名镇名村名录的村落，依托中国历史文化名镇名村数字博物馆平台（由住房和城乡建设部组织建设），建设村镇单馆，集中展示村镇历史文化、文物资源、历史建筑、非遗资源等信息。

农村数字博物馆的建设，向国内乃至世界展示了我国农村文化的魅力，让观众在线感受文化赋予的力量，并推动农村数字博物馆资源的创造性转化和创新性发展。

（二）农村文物资源数字化

农村文物资源数字化是利用数字技术对农村文物资源进行全方位的数据采集，为每个文物建立一个虚拟模型，让群众可以在线上通过视频播放的形式参观文物。群众可以对自己想要了解的文物进行信息查询，全面了解其存在的时间及参数等，在家即可获得精神与文化的满足。

农村文物资源数字化包括数字化采集与数字化展示。数字化采集指应用信息技术将农村文物的自然属性信息与人文属性信息加工为图文、视频、3D影像资源。数字化展示指对采集成果进行故事化加工创作，通过各类网络平台对外宣传展示。例如，昌黎县对源影寺塔及附属物、贵贞楼、韩文公祠、赵家老宅、双阳塔、水岩寺、烈士陵园、高公亭、垂花门等重要文物古建筑进行数字化信息采集，并对省级以上文物保护单位的文物进行扫描，制作三维模型，实现文物资源的数字化管理，为加强文物保护、管理、利用及建设数字博物馆奠定基础。

当前，文物数字化保护理念已成为国际文化遗产保护的共识。乡村文物数字化对记录展览、保存、研究和复原乡村文物具有极其重要的作用，而农村文物资源的数字化保护，可以助推乡村旅游事业的发展。

（三）农村非物质文化遗产数字化

非物质文化遗产是一个国家和民族历史文化成就的重要标志，是优秀传统文化的重要组成部分。为了保护传统手工艺，发掘乡村非物质文化遗产资源，住房和城乡建设部等七部委联合开展传统村落调查挖掘工作，挖掘和保护我国优秀的传统村落文化遗产。

农村非物质文化遗产数字化是对农村地区传统口头文学及文字方言、美术书法、音乐歌舞、戏剧曲艺、传统技艺、医疗和历法、传统民俗、体育和游艺等非物质文化遗产进行数字化记录、保存与宣传展示，实现农村非物质文化遗产的数字化留存和传播。

文化和旅游部充分利用网络平台，大力支持农村地域特色文化、优秀农耕文化、优秀曲艺等的传承发展，取得了显著成效；支持举办非遗购物节；联合网络平台举办"云游非遗·影像展"，将非遗传承记录影像、非遗题材纪录片搬上网络进行公益性展播；举办全国非遗曲艺周、第六届中国非物质文化遗产博览会等活动，通过线上集中展播、展览等方式，让广大农民群众足不出户领略非遗魅力。

非物质文化遗产是乡村文化"活"的灵魂，数字技术地融入有效地消除了非遗文化等传统文化资源与现代技术之间的"鸿沟"与隔阂，可以更好地吸引年轻群体参与到传统文化的感知与体验中，提高全社会非物质文化遗产活态保护发展意识，从而促进非遗文化的传承与发展。

第八章
智慧农业典型案例

第一节　西宁汇丰农业投资建设
开发有限公司景阳园区

一、基本情况

西宁汇丰农业投资建设开发有限公司于 2010 年 6 月按照西宁市政府"菜篮子"工程建设统一部署，由西宁城市投资管理有限公司和西宁市农业农村局所属西宁稼蔬农牧建设开发有限责任公司共同出资组建成立，注册资本金 12000 万元，总占地面积 3258 亩，是西宁市最大的设施农业国有控股公司，省级农牧业产业化龙头企业，市级"十佳"农牧产业化龙头企业，青海省科技型企业，市政府一产投融资平台，省平抑物价先进企业。

公司在景阳园区已建成并投入运营 5.8 万平方米智能连栋温室，采用日光、温湿度及水肥一体化智能控制，实现了全年无障碍绿色蔬菜生产种植。并结合区域品牌建设，重点发展蔬菜产业和生猪养殖产业，实现种养结合、高质量发展，打造高品质、高质量"菜篮子"，满足人民对美好生活的需要。

二、示范应用情况

（一）园区智慧农业建设情况

景阳园区农业物联网建设主要包括环境、植物信息检测，温室、农业大棚信息检测和标准化生产监控，精准农业中的节水灌溉等应用模式，例如农作物生长情况、病虫害情况、土地灌溉情况、土壤空气变更等环境状况以及大面积的地表检测，收集温度、湿度、风力、大气、降雨量，有关土地的湿度、氮浓缩量和土壤

pH 值等信息的监测。

智慧农业控制通过实时采集农业大棚内温度、湿度信号以及光照、土壤温度、土壤水分等环境参数，自动开启或者关闭指定设备。可以根据用户需求，随时进行处理，为农业生态信息自动监测、对设施进行自动控制和智能化管理提供科学依据。大棚监控及智能控制解决方案是通过光照、温度、湿度等无线传感器，对农作物温室内的温度，湿度信号以及光照、土壤温度、土壤含水量、二氧化碳浓度等环境参数进行实时采集，自动开启或者关闭指定设备（如远程控制浇灌、开关卷帘等）。

（二）平台管理及数据中心

通过云平台 HA、热迁移功能，能够有效减少设备故障时间，确保核心业务的连续性，避免传统 IT，单点故障导致的业务不可用。便于业务的快速发放，缩短业务上线周期，高度灵活性与可扩充性、提高管理维护效率。

在数据存储方面，通过共享的 SAN 存储架构，可以最大化的发挥虚拟架构的优势；提供虚拟机的 HA、虚拟机热迁移、存储热迁移技术提高系统的可靠性；提供虚拟机快照备份技术（HyperDP）等，而且为以后的数据备份容灾提供扩展性和打下基础。数据中心包含云管理、计算资源池、存储资源池，备份系统。

（三）智能水肥灌溉的运用

园区每个温室内布设 1 套智能水肥机，置于棚口处。将园区灌溉与施肥融为一体，借助压力灌溉系统，将可溶性固体肥料或液体肥料配兑而成的肥液与灌溉水一起，均匀、准确地输送到农作物根部土壤。按照农作物生长需求，进行全生长期需求设计，把水分和养分定量、定时，按比例直接提供给农作物植株。智能设置灌溉用量、灌溉时间长度及一定时间内的灌溉次数，实现全自动化、智能灌溉。计算机内部有一套土壤湿度传感器的采集值，将该值与设定目标值进行对比，若该值高于设定目标值，则自动关闭灌溉阀门，如该值低于设定目标值，则自动打开灌溉阀门。可设定在某个时间段进行灌溉的方式，即轮灌方式，可每个小时灌溉一次，同时也可设定灌溉的次数。智能水肥灌溉，既有效地保护了水泵，同时也可使土壤更好地吸收水分。

智能水肥机的功能是以实现对温室的施肥、灌溉控制为主，同时他还可对温室环境数据如空气温度、空气湿度、土壤水分、土壤盐分等环境信息进行不间断采集。水肥机将采集到的环境数据和用户设定的控制参数进行实时对比分析，准确得出施肥灌溉的实际参数和设定环境参数之间的差距，合理统筹开启或关闭施肥和灌溉等设备。本控制器可从物联网云服务器设置各个测控站的控制参数，可根据各个温室返回的温度，湿度，土壤水分、土壤盐分参数的变化，按照预先设定的条件实现对电磁阀、施肥泵等设备的全自动控制，实现科学化的管理。

智能水肥机将信息采集、施肥控制、灌溉控制、远程通信、人机交互、电源管理等功能融合于一体，适合于日光温室水肥一体化。智能水肥灌溉，实现节能、精细化的水肥管理，进而实现长时间无人值守、安全的全自动水肥灌溉。

(四) 智能控制农作物的生长环境

智能控制器实现保温被、卷膜机、灌溉系统等的全自动化监控和远程控制管理，如自动喷水、升降温、增减湿等。根据实际需求，每个温室配置 1 套智能控制器。通过对设备所采集的生产环境参数进行计算分析，生成设备的控制指令，再通过通讯链路传输到现场设备控制器中，即可实现自动生产。如自动喷水、升降温、增减湿等。智能控制，使棚内作物始终处于一个最佳生长环境中，实现生产工作的自动化和智能化。

三、经验成效

景阳园区的物联网建设通过科学技术的手段，为温室农作物提供相对可控的适宜环境，能够对环境温度、湿度、光照、二氧化碳等环境气候进行智能调节，摆脱对自然环境的依赖。具有明显的高投入、高科技、高品质、高产量和高收益等特点。同时能够有效减少病虫害的侵袭、减少农药的使用，提高作物抗病性，从而真正实现了农业生产自动化、管理智能化。用户通过电脑、手机实现对温室大棚种植管理智能化调温、精细化施肥、可达到提高产量、改善作物品质、节省人力、降低人工误差、提高经济收益的目的。

智慧农业通过生产领域的智能化、经营领域的差异性以及服务领域的全方位信息服务，推动农业产业链改造升级；实现农业精细化、高效化与绿色化，保障农产品安全、农业竞争力提升和农业可持续发展。公司通过因地制宜，充分利用园区现有的农业生产模式，运用智慧农业建设手段，着力打造具有品牌影响力的农产品，延伸产业链，发展特色农业产品，从而使农民增收、农业增值、农村发展，为乡村振兴发展注入活力，在全市乃至全省都起到引领示范作用。

公司已建成并投入运营 1100 栋 4 个冬暖式日光节能温室蔬菜基地和 5.8 万平方米智能玻璃连栋温室，实际种植率达 98％以上，年果叶菜总产量达 10000 吨以上，日均解决 500 余名失地农民工近城创业就业，年增加农户收入 2000 余万元，年支付土地流转费 300 万元，年培育蔬菜种植能手 200 名以上，为全市农业振兴、农村兴旺、农民增收和市场保供稳价发挥出积极作用。

第二节　永州新湘农格瑞农业有限公司

一、基本情况

九鼎集团按照《数字乡村发展战略纲要》要求，打造智慧生猪养殖场示范标杆，成立了永州新湘农格瑞农业有限公司，是湖南九鼎科技集团子公司，具有强大资金、市场、技术等优势，是为促进生猪产业结构调整和升级，整合区域产业资源而建设的规模化、标准化、智能化与信息化智慧猪场，是湖南省生产水平最先进的智能化种猪养殖场之一。2020年获得国家颁发的《种畜禽生产经营许可证》，2021年获得农业农村部畜禽养殖标准化示范场（生猪）授牌。

二、示范应用情况

利用现代化牧场理念，实现了标准化管理，设施智慧智能装备养猪，在生产经营中实时掌握生产数据、生产动态，具有先进信息化管理平台。

智慧猪场管理平台：通过对电脑端猪场生产运营管理、经营决策分析管理、生产巡视远程协管、物联网设备工况管理、视频互联网防控管理、产业链溯源管理；手机端经营管理微信公众号平台、场长现场巡视微信公众号平台；操作现场有各部门环节生产操作手持机。在保障场内生猪安全不受外来疫病入侵同时加强生产现场管理，让管理决策层、经营决策者身在千里之外对生产现场了如指掌。

智能化自动喂料：采用智慧云管理，本地与云端实时数据交换，根据猪只生产、生长特性自动化、智能化进行饲喂，减少饲料隐性浪费，节约饲料成本，有利于种猪膘体管控；保证猪只最佳状态同时减轻现场人员劳动强度，减少基础饲养工作；猪只采食数据实时上传，可根据猪只采食情况实时了解猪群健康状况，提前感知疫病情况；对猪只采食数据汇总，对猪场成本核算更精准。

AI 视频及巡检机器人：利用人工智能视频分析技术，实时对栏内猪只进行盘点、估重、生长速度计算、猪只销售过程监控、猪只销售数据上传。巡检机器人利用轨道视频感知设备，捕捉记录生产现场情况，通过云平台计算分析，增强对现场的感知。

视频物联网监控：通过视频监控对场内生产关键进行全场监督，根据不同点位、栏舍需求分为：场外全景鹰眼全景监控；保育、育肥舍、公猪舍 360 度全景摄像头，母猪场、洗消中心、关键点广角枪机监控，排污系统定点监控。

生物安全防控及能耗监督：通过对人员分区管理，运用管理软件、硬件设备等对人员进、出场，车辆洗消全流程进行监管，协助生产管理者对生物安全管理体系整体管控。能耗监测系统采用统一平台对猪场内水电能耗、环境感知、对环境实现智能控制，异常警情实时语音、短信、公众号警报通知。

信息化配套硬件设备：信息化需要大量基础数据的采集、录入、监督，在保证猪场正常生产同时猪场数据录入的及时、准确、有效。采用生产环节手持机，方便一线人员实时生产数据录入、猪只信息查询工具，数据实时云端同步；采用巡视手持机到达固定巡视点后扫描感知巡视任务；采用 RFID 耳标对母猪猪只个体化管理。

智能培育优质种源、优质精液：原种猪场种猪是从北京养猪育种中心，北京茶棚杜洛克种猪场引进的美系长白、英系大白、新台系杜洛克。通过培育，猪场品种现有美系长白、英系大约克、新台系杜洛克，主要生产长白、大约克、杜洛克等祖代公、母种猪。种猪的培育：配备专用公猪站，采用辅助采精技术和自动化精液检验系统，生产优质精液；同时采用电子发情监测技术和自动配种技术，提高了母猪繁养能力。种猪选购：不会再可进入猪场、猪场附近，采用远程培育原种猪、商品猪苗，充分利用现有视频技术、猪场管理软件、生产手持系统、猪只测定系统结合远程管理平台，做到每头种猪的选择"形态可视""来源可查""祖代可溯""性能可知"，将种猪的综合信息快速、直观的展示至客户面前。

智能环控：采用智能监测场内水流、水量控制，降低场内污水排放，减轻污水处理。粪污水集中收集、集中加工处理、粪污水暗管减小嗅味，并做到猪舍内外无臭味。减量排放，循环水利用，采用粪水分离式收集干粪，干粪和病死猪集中处理，通过发酵生产有机肥；雨污水分离，污水处理站产生的污泥经集中收集后交有机肥制作中心制肥。

三、经验成效

原种猪场构建了完整的生猪全产业链系统，投产运行良好。

构建智能化 5A 级生物防控圈。通过运用生物安全 AI 智能系统把控人、车、物的进出入，杜绝非洲猪瘟等疫病的入侵，保障企业的经济效益。

智能信息化养殖，大幅度提高资源利用率和劳动生产率，降低生产成本，增加企业经济效益。降低饲料成本 900 万；降低生产水、电耗用成本 120 万元；实现母猪 PSY 提高约为 0.6 头；降低 50% 的人力成本，有效的优化了劳动力的分配利用。

通过溯源系统，促进了产业规模化，社会效益明显。母猪专业智能化培育为养殖专业合作社、适当农场主、农户提供可追溯种猪和商品断奶仔猪，经育肥后，以满足"安全、可口、可追溯"猪肉食品新兴市场需求。同时辐射带动 300 个养猪户和养殖专业合作社转变生产经营方式，带动 300 个农场主从事生猪养殖，间接受益人口达 2500 人，带动周边地区形成年出栏 60 万头以上商品猪的生产规模。

绿色环保，高效循环，生态效益显著。通过智能高效转化，有机肥将畜牧业发展与种植业发展链接起来，形成了"种植业（饲料）—养殖业（粪便）—有机肥—种植业（优质农产品、饲料）—养殖业"的农业循环经济基本模式，实现了可持续粪污资源化综合利用，建立良好的养猪生态环境。

第三节　山西乐村淘网络科技有限公司

● 一、基本情况

山西乐村淘网络科技有限公司成立于 2014 年 1 月，位于山西省小店区龙城大街 75 号鸿泰国际大厦七层，是国家级的民营高新技术企业，主营业务立足于全国农村市场，致力于解决农村"买难"和"卖难"的专业农村电商平台。

截止 2021 年 11 月，企业现有员工 127 人，服务覆盖全国 25 个省，改造、升级、赋能的门店数量超 10 万家，近三年信息化建设资金累计达到 7000 万元，迅速成长为农村电商行业中的独角兽企业。

乐村淘是山西省"专精特新"中小企业、中国乡村振兴联盟主席团单位，连续多次被评为商务部国家级电商示范企业、山西省农业产业化重点龙头企业。2020 年，企业被山西省脱贫攻坚领导小组评为"全省消费扶贫示范单位"，2021年，乐村淘董事长赵士权荣获全国脱贫攻坚先进个人，在全国脱贫攻坚表彰大会上，由习近平总书记亲自颁发奖章。

● 二、示范应用情况

乐村淘以农村电商为发力点，不断巩固提升企业在农业农村方面的信息化基础条件，在北京、杭州、太原三地组建了一支超过100人的专业技术研发团队，持续提升研发投入比例，开发出了针对农村市场特点的一整套B2B、B2C、F2B产品解决方案，获得了21项软件著作权、1项外观专利，制定了地方标准1项，平均月活跃用户数83056个，2019年被评为山西省互联网平台20强，研发的智能终端管理系统集进销存赊商品管理、会员精准营销、便民增值、广告发布、微店商城分销系统、便捷支付结算系统为一体，已经在全国10万多家村级体验店部署使用，企业业务覆盖了全国26个省区、1035个县、12万多个村。具有深厚的人才、技术、平台、硬件及业务基础。

企业在新产品、新业态、新模式方面持续创新，2020年相继推出了山西名特优农产品农商互联服务平台、野售农产品直播平台及山西消费扶贫商城。

其中：山西名特优农产品农商互联服务平台以服务山西省的名特优农产品为目标，建立农商互联专业平台，高度契合农业产业供给侧特点，强化农业全方位信息共享，建立对接渠道机制，消除农业信息孤岛，利用农业大数据降低农业生产的盲目性，解决名特优农产品增收、卖难的两大难题。

野售是乐村淘专为农产品垂直领域自主研发的直播平台，采用了全景＋VR＋挂播等先进的计算机技术，能够通过农特产品在田间地头360°的全景展示，带给消费者全新的沉浸式购物体验。

山西消费扶贫商城以"五进九销"为具体措施，组织对接省内 58 个国定贫困县的扶贫产品，打造了全省唯一一家 58 个贫困县全覆盖的消费扶贫专项电商平台。

企业信息化特点与亮点总结如下：

（1）信息化消除农产品购销鸿沟，兜底销售实现县域产业振兴

乐村淘以县、乡、村为切入点，向农村市场深度延伸，建立了完善的三级组织体系，各省设有分公司，分公司下属的各县建有县级管理中心，县级管理中心将每个村具有影响力的超市、小卖铺升级为乐村淘的线下体验店，通过线上线下结合的方式持续不断的加强小卖店电商思维的培养和电商工具的使用，县级管理中心和村级体验店实时收集的农产品信息反馈到乐村淘总部，在大数据和物联网的支持下，将全国的农产品联动起来，解决农产品滞销难题，帮助农民增产创收。

中阳县曾是国家级贫困县，2018 年脱贫摘帽后，中阳县把周期短、见效快、效益高的黑木耳产业作为重点扶贫产业。2018 年，中阳县成功试种木耳 4 万棒；2019 年，进一步扩大到 282 万棒；2020 年种植提升到 1600 万棒，实现了木耳产业从无到有、从小到大的发展壮大。

新兴产业的崛起伴随的是木耳的销路难题，借助乐村淘的信息、渠道、品牌、运营等方面的优势，企业创新性地提出了兜底销售的模式，短时间内将中阳木耳迅速打入全国 21 个省的 100 个地市农贸市场、1000 个大型社区及十万多个乡村网点，2020 年中阳县采收的干木耳 115 万千克全部销售一空，产值 5600 余万元，联带贫困户 834 户 2484 人，人均增收 4000 余元，每斤采购价较往期高出 4 元，形成了产业扶贫与消费扶贫的强大合力，使中阳县木耳产业真正成了老百姓的"致富耳"。在此过程中，乐村淘打造了"政府引导＋企业兜底＋农户参与"的县域可复制模式，为乡村振兴探索出了一条产业振兴的新路径。

（2）一站式共享供应链服务，数字化赋能降低电商技术门槛

　　企业根据大部分农村信息化水平不高、农民创业能力缺乏及农产品电商平台销售需要一定门槛的现状，从产品设计之初就致力于在供应链上为每一位有志于从事农村电商的农民提供一站式的共享服务，通过数字化赋能不断降低技术门槛。

　　以山西消费扶贫商城和野售农特产品直播平台为例：

　　山西消费扶贫商城供应链端为 58 个贫困县 5000 多款商品农业企业、合作社、农户免费提供入驻、运营、推广服务，并结合乐村淘农产品品控、仓储以及分拣与第三方物流平台合作，确保为用户提供一个便捷、可溯源、有品质保证、同时具有市场竞争力的供应链体系。

　　野售农特产品直播平台有针对性地推出了挂播功能，旨在打造"直播卖货＋社群化挂播＋粉丝共享"的全新模式，当有成熟直播经验的主播、网红进行直播卖货时，其他素人主播发起一键挂播，平台通过分发直播流和商品，直播源头与各个挂播间通过 IM 实现消息互通。用户通过挂播人分享链接进入，可以直接与其他挂播人员的粉丝进行互动，购买的商品由源头提供，源头负责售后。平台通过共享网红直播、品牌、团队、技术、供应链、培训等资源，以社交网络为纽带，让头部网红直播的流量能够被平台其他会员实时分享，让每位农民都能够成为流量入口，使用户从拉新到留存的全生命周期更高效，大幅降低运营成本，降低广大农民在农产品直播带货方面的门槛，最终呈现流量叠加裂变式的增长。

　　（3）多维深度融合县域经济，持续提升三农信息化水平

　　乐村淘以农产品上行为抓手，不断强化技术迭代创新力度，持续提升三农信息化水平，积极参与国家试点示范项目，一是与太原市阳曲县、吕梁市临县在县级层面深度参与了农业农村部互联网＋农产品出村进城工程试点项目；二是与临汾市洪洞县签订了国家数字乡村试点工作战略合作协议；三是借助国家级电子商务示范县项目，在宁武、大宁、黑水等县实施农产品品牌营销及渠道上行。

三、经验成效

乐村淘通过独特的线上线下产业融合的模式，打通了城市与农村之间的通道，用信息化的手段帮助县域的文化、历史、故事、特产传播到全国，增加当地农特产品的销量，拉动当地的旅游发展，将农村的农产品卖到城市，销往全国，帮助农民增产创收，真正地服务于农民。

从成立之日起，乐村淘就积极响应政府号召，在山西省工商联、各级扶贫办、农业农村、商务等部门指导下，聚焦农产品上行，并积极作用于精准扶贫，建立了一系列带贫机制，通过建档立卡贫困户优先选拔合伙人、农特产品销售、大宗农作物外销、滞销农产品促销、美丽乡村旅游、电商扶贫培训、新职业农民讲座等具体做法将扶贫工作落到实处，取得了明显成效，被众多农民消费群体和贫困户形象地称之为最接地气的农村电商。

企业通过电子商务及相关产业帮助农民实现自主创业、自我发展，帮助农民通过互联网发家致富，推动城乡一体化，从而带动当地农村经济、县域经济的发展，最终促进农村电子商务普及应用，为农村营造良好的电商氛围。

十三五期间，乐村淘在全国脱贫前认定的 592 个国定贫困县中已覆盖 324 个，覆盖率为 54%，贫困地区农产品上行结构占比超过 24%，累计培训 10 余万人次，覆盖人数超过 1000 万，带动 110 余万农民创业就业。上线以来，平台累计销售农产品 100 亿元以上，覆盖贫困户 50 万余户，在乐村淘的辐射带领下，10.2 万贫困户实现了脱贫致富，在农村电商行列这一结构性指标居于前列。乐村淘正在成为改变农村落后商业流通环境，用互联网＋的方式成为农业供给侧结构性改革、产业扶贫、电商扶贫的先锋队和排头兵。

第四节　江西信明科技发展有限公司

一、基本情况

江西信明科技发展有限公司（以下简称公司）是一家集农产品种植、科研、加工、销售、电子商务为一体的科技型民营企业。公司成立至今，围绕脐橙、萝卜等农产品在初深加工、产品分级、分类分拣、仓储管理、电子商务及产品溯源方面投入 1.6 亿元建设了信息化经营型示范基地；并应用现代化信息技术年产农产品 25000 吨，近三年年均销售收入达 8000 余万元。

公司先后获得"全国食品工业优秀龙头企业、国家高新技术企业、国家知识产权优势企业、国家级星创天地、农业产业化省级龙头企业、江西省电子商务示范企业、江西省专精特新企业"等荣誉称号；公司的注册商标获得了"江西省著名商标和江西名牌产品"的认定，曾在 2016 年、2017 年和 2018 年分别被央视"新闻联播""焦点访谈""新闻直播间"报道。

二、示范应用情况

公司基地的建设解决了在农产品初加工、深加工、分类分拣、物流配送、仓储管理、电子商务、产品溯源等方面，促进了农产品小生产与大市场有效衔接，为农产品流通提供强有力的支撑。并解决了果蔬上市旺季太集中和跨区域流通顺畅、淡季缺货的矛盾，缓解果蔬种植产业的压力，提高附加值，增加效益，以此激发果蔬种植农民的积极性。

1. 采用果蔬分选线设备

采用果蔬分选线设备的主要工艺及产品获得了发明专利，属国内先进技术，解决了果蔬的收购、分级、加工、包装、贮藏保鲜和跨区域流通。开发了多款以"信明"品牌的高端脐橙产品。果蔬设备应用情况主要有：

（1）该分选线采用光电数字技术，通过红外线/彩色摄像系统来捕捉果实图像，并同步分析果实表皮颜色、瘀伤、日灼斑等瑕疵情况。

（2）该分选线是一条多功能果蔬处理设备，能对硬质和软性果蔬进行无伤分选处理，操作轻柔，称重精确（误差＋－1g），使用灵活，分选快捷。

（3）该分选线采用 PRPHEA 控制系统，以 WINDOWSNT 为操作界面，实现了自由设立果蔬分选的标准，各个操作单元实现计算机自动管理。

2. 采用酱腌菜自动生产设备

江西省首台酱腌菜自动生产设备在公司基地应用。解决了酱腌菜传统加工工艺的存在的问题，提升了生产效率、产品质量，降低了生产成本，通过设备的集成和工艺的创新，开发了一系列萝卜干产品。应用该设备，可将加工工艺流程进行选配、调整、增减。具体应用情况如下：

（1）该自动化酱菜生产线，采用流水线方式，只需将包装好的包放到输送带上，酱包顺输送带掉到水内，通过送带在水槽内走 10～20 分钟，保持在设定温度内，酱生产线，达到时司杀菌完成。杀菌完成后，通过翻转式风干机多次翻转吹风，将包装袋上的水分吹干，吹干后可以喷码装箱了。

（2）酱腌菜生产线设备，搭配了全自动连续式杀菌冷却机，用水浴—喷淋巴氏高温杀菌及水浴冷却。

（3）采用进口网式工程料，耐高温，对包装后物料无损伤；温度调节用采用进口自动温控系统。

（4）加工过程中，设计了杀菌冷却中间过渡段，酱菜生产线，确保产品的口感；所有轴承采用进口防腐蚀系统，保证设备的使用寿命。

（5）使用效果：杀菌效果符合中国食品卫生法的要求，杀菌冷却连续工作，杀菌后产品口感无改变。

3. 搭建了电商平台运营管理系统

接入了京东、淘宝、阿里、拼多多、抖音等各大电商运营平台；能够做到订单、库存、商品、发货的数据同步，能够满足卖家对多平台统一管理的需求。

一是解决了数据同步。在系统中订单是每分钟自动同步一次接入店铺的订单，同步过来的订单会处于待审核状态，然后再由相关的人员进行审单、打单、拣货、发货。在订单处理过程中，客服在多店管家里对订单的修改也会同步至接入的平台店铺里。而在处理了发货之后，订单的发货状态也能同步到接入的平台店铺里，免去了客服人员需要重复登录多个平台进行订单的处理操作。这个对于提升发货速度，提高订单处理能力还是非常有帮助的。

二是应用批量操作。在系统里批量操作主要是批量打印快递单、发货单；批量审单这方面，特别是对于订单量大的商家，批量打单节省了大量的时间成本和人力成本，让订单的处理效率更高。多店管家不仅支持这样的批量打印，而且支持联动打印，即在打印一张快递单时系统会自动打印一张对应的发货单。

三是解决了防超卖的问题。超卖对于商家来说是最不愿意面对的状况，在淘宝上做活动对于超卖给与商家的处罚是非常严重的，商家不仅在经济上会遭受损失，同时因超卖引发的用户不满也是对店铺的长久发展有着非常不利的影响。用户不仅可以按照百分比上货法进行铺货，同时对于实际的销售情况可以手动调节库存。在防止超卖的同时，通过人工介入进行调配库存，让销售量大的平台获得更多的库存，最大程度的防止因库存分配不均而导致某个平台上客户流失，而某个平台上库存富余很多。

4. 接入了国家农产品质量安全追溯管理信息平台

公司农产品通过该平台实现了农产品从生产、加工、采购、销售发货等方面的追溯管理。是公司农产品质量安全监管的有效信息途径，提升了公司产品品牌信誉度、美誉度，对提升农业产业整体素质和提振消费信心具有重大意义。

● 三、经验成效

近年来，通过建设生产智能化、经营网格化、管理数字化水平，取得了显著经济、社会效益，形成了典型、可示范、可复制推广的模式。

1. 经济效益

2020 年度，通过集成果蔬分级分选包装技术设备和酱腌菜技术生产设备等现代信息技术的应用，实现销售收入 8833 万元、利润总额 919 万元。

果蔬分选包装采用光电数字技术，红外线彩色摄像技术、PRPHEA 控制系统、以 WINDOWSNT 为操作界面，各操作单元实现了计算机管理，从而提升了农产品加工的科技含量。

酱腌菜类（萝卜、蔬菜等）采用了全自动生产设备（同四川涪陵榨菜生产设备），产量在原有传统工艺上增加了 3 倍，年加工成品产量达 10000 吨以上。促进了农产品小生产与大市场有效衔接，为农产品流通提供了强有力的支撑。

2. 社会效益

公司通过"公司＋生产基地＋农户＋电子商务"的经营模式，将公司的发展与果蔬种植农民的致富紧密结合到一起，通过契约订单、合作等方式，直接带动 7000 亩优质果蔬种植，带动 200 人以上农民就业；通过示范效应，间接带动核心区 10000 亩的优质果蔬改良种植。

公司现代信息技术的应用，可增加产业关联度，带动相关产业发展，如包装业、印刷业、快递物流业可从中增加商业机会，从而一业带多业，促进共同发展联手共赢。

公司每年还专门聘请了专家讲师针对有关就业技能培训，年培训 300 人次以上。

3. 生态效益

公司属经营型示范基地，在 2013 年通过了环评批复，建立了严密的产业化体系，形成了一条完整的生产、加工、销售体系。

第五节 中国农业科学院农业资源与农业区划研究所

一、基本情况

中国农业科学院农业资源与农业区划研究所（简称"资源所"）于 2003 年 5 月由中国农业科学院土壤肥料研究所与农业自然资源和农业区划研究所整合组建而成，是国内一流的国家级公益性综合性农业研究机构，也是国家智慧农业科技创新联盟、国家遥感中心农业应用部、农业农村部遥感应用中心研究部的依托单位。研究所围绕农业遥感与信息、植物营养与肥料、农业土壤、农业微生物资源与利用、农业生态、农业区域发展 6 大重点学科领域，组建了 14 个院级科技创新团队，建有国家工程实验室 1 个，农业农村部重点实验室 5 个，各级试验站（基地）10 个，包括国家级站 3 个，省部级站 4 个。近三年，在农业信息技术领域先后获省部级科技进步奖 3 项；在信息化建设上，投入超过 5000 万。

二、示范应用情况

一直以来，资源所在推进遥感网、物联网、移动互联网、大数据等新一代信息技术与现代农业的深度融合方面进行了大量探索。围绕数字农业学科的理论、方法、技术、系统集成和标准规范等开展了大量基础前沿及共性关键技术研究，在天空地一体化的农业智能感知与控制、智能监测与诊断、智能决策与服务、农业遥感应用等方面取得了具有重要影响的研究成果，构建了数字农业的核心理论、技术、装备和集成系统，重点开展农业信息采集与作业智能装备、天空地大数据挖掘与分析、农业土地系统时空变化监测、农产品质量溯源、智慧农业园区空间规划等方面的研究，突破智慧农业的核心理论、技术、装备和系统平台，形成了天空地一体化的农业智能感知技术与装备、天空地大数据挖掘、诊断技术与平台、云边端一体化的农业作业智能装备，推进装备、技术和系统的组装、集成与熟化，建立标准化、可复制的智慧农业应用技术模式，为我国智慧农业发展提供强有力的科技支撑。在山东栖霞、四川三台、陕西洛川、河南郑州、贵州湄潭、福建南平等市区县进行数字大田种植、智慧果园、数字食用菌等示范建设，推动了区域农业产业数字化转型的实践发展，实现科技成果转化和技术服务收入约 3000 余万元。

　　研究所大力推进产品、技术和模式的示范应用。国家级农情遥感监测系统成为农业农村部的官方监测系统，纳入农情信息发布日历，服务于国家发改委、农业农村部等部门的宏观决策，在指导农产品贸易和确保国家粮食安全等方面提供了大量农情遥感监测和信息信息服务。其中，天空地一体化农情监测系统入选 2017 年农业部农业农村大数据实践案例。研发"全国农田建设综合监测监管平台"，利用数字技术推进高标准农田建设业务的数字化改造，建立数据驱动的农田建设前审核、建设中监测、建设后评价等全过程的综合监管服务新模式，推动高标准农田"上图入库"，助力国家农田建设、监测和管理的全流程数字化、网络化和智能化发展；牵头完成国家农业绿色技术观测试验数据平台建设方案，构建物理分散、逻辑统一、一体管控的绿色技术观测体系，加大观测数据挖掘利用力度，发布专业权威的绿色评价指数，指导全国 80 多个国家级农业绿色发展试点县数字支撑体系建设；牵头完成了全国农村宅基地管理信息化建设方案和宅基地改革基础信息调查技术规程，支持全国 120 个试点县工作，服务国家推进农村闲置宅基地盘活利用的重大需求；积极开展涉农科研、教学、企业等单位参与科技合作，联合四川省人民政府在成都天府童村打造智慧果园示范基地，突破了天空地一体化农情信息采集系统、大数据处理一体机、智能水肥一体灌溉系统、喷药机器人、除草机器人、智能采摘机器人、果品区块链追溯平台等数字农业核心技术和装备，形成了无人农场整体解决方案；并且针对"三农"数据散乱、数字化应用缺少、智能化决策薄弱、个性化服务缺乏、标准体系不健全等问题，结合四川"三农"发展现状，以"3＋X"为主线，对接四川全省农业农村系统 80 多个部门，梳理 4146 个涉农指标，构建了四川省数字"三农"大数据信息平台标准规范体系，为地方数字农业农村发展提供科技支撑。同时，研究所也开展了属地农情信息服务和数字农业试验示范，先后在河南省鹤壁、吉林省长春和榆树、黑龙江省哈尔滨、四川省成都、山东省烟台、陕西省宜川等地率先开展了数字农业示范工程建设，为指导当地大田种植、果园生产数字化、信息化发挥了重要作用，产生了显著的经济、社会和生态效益。

三、经验成效

（一）经济效益

依托技术和装备，突破果园生产智能感知技术，其中高精度果园空间分布遥感制图关键技术，总体精度优于90%，填补山东省高精度果园空间分布数据集空白，果树群体和个体参数获取技术国内领先攻克果树生产智能诊断与监测关键技术，其中果园果树单株识别和病虫害监测关键技术，总体精度优于90%，填补国内技术空白；提高果树生产过程中水肥利用效率，化肥减量施用10%—12%，节水节肥效果显著，促进苹果优质、绿色生产，节省大量的人力、物力，降低生产成本，生产优质农产品，以质量促增农民收入，产生显著的经济效益。

（二）社会效益

通过示范推广辐射作用，"以点带面"将科技成果用在实处，实现信息技术与农业各环节的有效融合，促进农业对象、环境和全过程的可视化表达、数字化设计和信息化管理，推进农业管理信息化。研制果园生产智能作业技术和装备，研发国内首台果园信息采集和采摘机器人，苹果品质自动分级准确率90%以上，较人工效率提高50%以上。

（三）生态效益

基于平台监测数据分析，探索符合区域特点和地方特色的绿色种养技术和发展模式。通过推广化肥农药减量增效、水肥一体化、统防统治和绿色防控、秸秆综合利用、地膜回收、有机肥替代化肥等清洁生产技术，着力发展循环农业，将推进农业废弃物资源化利用，有效减少水、肥、药的投入，率先推进资源节约、产地环境清洁、生态稳定，推动我国农业生态环境可持续发展，促进生产、生活、生态协调发展。

第六节　三河市香丰肥业有限公司

一、基本情况

三河市香丰肥业有限公司组建于 2003 年 3 月，是一家现代化农资企业，注册资本 5000 万元人民币。公司位于京津冀三大城市之间的三河市火车站路，北靠 102 国道，南邻京秦铁路、交通十分便利，占地面积 55000 ㎡。公司连续 3 年公司平均收入 3.31 亿元，信息化资金投入共计 340 万元。公司生产的保水缓释肥料被科技部、环保部、国家质量监督检疫检验局、商务部四部委授予国家重点新产品荣誉称号，先后获得省级龙头企业以及省级示范农业产业化联合体荣誉称号。

二、示范应用情况

1. 搭建三河市"天空地"一体化数据信息采集监控体系。

（1）农场物联网气象墒情监测。由传感模块、传输模块、图像采集模块等组成，太阳能供电，实现空气和土壤环境数据和定点图像数据的采集，并通过网络传输发送到数据中心，生产者依据数据内容分析及时采取措施，降低损失。

（2）农业虫情智能监测系统及装备。构建农业害虫生态监测及预警系统，集害虫诱捕、采集、传输、分析于一体，可实现了害虫的远程检测、虫害预警和防治指导。为管理者提供数据支持。

（3）平原林地智能巡检无人车。自动巡检作业无人车应用农业机器人平台，结合定位、路径规划、自动导航等技术，实现农场不同时段、不同地点的无人作业，并基于农业传感器、图像识别等技术，动态监测农业品种生长情况和环境信息、提前识别病虫害、水肥胁迫问题及其他异常。

2. 打造三河市"机器换人"精准作业与精细管理应用场景

（1）农业智能灌溉控制。立足农业远程智能灌溉需求，部署农业智能节水感知终端和控制终端、智能灌溉控制器，可通过分析、处理获取的剖面土壤水分传感器信息，指导工作人员有针对性的开展补水、补肥作业。

（2）基于 AI 病虫害识别与诊断系统。基于深度学习、图像识别、机器人等关键技术，实现农业品种病虫害监测，进行其种类的识别和数量的分析；经过模型的检测与计算，预测农业主要病虫害发生的概率，同时为预测的病虫害提供防治方法及推荐药剂。

（3）测土配方施肥技术。公司与北京农林科学院共同研发了树脂包膜尿素型缓控释配方肥，并结合智能精准农机具，实现一次底肥不用再追肥，三河玉米全部应用该技术，全国玉米、水稻、棉花、土豆大部分都使用缓控释配方肥。

（4）植保无人机飞防。进行飞防勘察，根据田地中早期作物的产量潜力、营养水平、长势和密度进行管理。同时具有授粉、喷药、识别、监测等功能作用。

3. 开发香丰联合体农产品区块链溯源优选商城交易服务

利用电商平台，对农产品资源进行整合销售。并根据溯源业务开发智能合约，以一物一码、传感数据采集为基础，从源头开始，将生产、加工、运营、交易全流程记录在区块链网络中，实现政府监管可视化从而让政府部门放心背书、让消费者放心采购。现阶段电子商城涵盖农资产品、农副产品、农机服务等。去年农产品成熟之季，通过平台已经销售王林苹果 10000 箱，线上预定线下销售肥料 3000 余吨。

4. 基于新一代信息技术的新型农民培训体系

公司与北京市农林科学院和廊坊市职教中心建立了长期的院企、校企合作单位，在为农服务中与农户专业种植大户、种植基地建立广泛联系，给予农业技术指导和作业服务。受训学员可按课程安排随时到基地参观实习。2020年在疫情的情况下，培训7100余人次，提高农民技术，带动农民增产增收。

5. 龙头企业带动创建产业化联合体

为促进农村一二三产业融合发展，公司组织家庭农场、合作社、种植大户等加入农业产业化联合体，实现资源共享、品牌共创、利益共享、价值链提升、效益最优。公司为联合体成员提供农产品检测、土壤检测、测土配方施肥服务，免费提供土壤调理剂，通过平台对联合体成员产品进行推介、宣传、展示、线上销售。

6. 农业农村部信息入户工程

为搭建涉农综合信息服务平台，公司承担农业农村部信息进村入户工程，益农信息社三河市运营中心建设项目，以电子商务、云计算、物联网、移动互联网、大数据分析技术为支撑，与全国12316信息服务资源、电子商务企业、信息服务企业、电信运营商农村服务体系与专家服务资源合作筹建，按照有场所、有人员、有设备、有宽带、有网页、有可持续运营能力的"六有"标准及"买、卖、推、缴、代、取"六功能标准，建设益农社，服务范围覆盖三河全部种养大户、合作社、家庭农场和普通农户。

三、经验成效

1. 经济效益

公司在京、津、冀及内蒙古，设有销售网点1000余个。办理